手套妄想症候群
We want to know about secret of gloves, mittens and boys.
三悅文化

「好冷～，借我一隻！」

「我也會冷耶！」

「可以同時套兩手嗎？」

「白痴，會被你撐開啦!?」

Illustration by 懷十步

「找到你了。
想要從我身邊逃走，你還早了100年。
我絕對不會留下證據的，
很遺憾，再見了」

Illustration by ナガオカ

「大小姐，您怎麼了？
原來如此，那可不行哦。
要我脫下手套……
您知道後果會如何吧？」

Illustration by 久峰そひ

只要套上防具，
背自然就會挺直。
再次問自己，
為了什麼殺人呢？

Illustration by 柚乃ぺこ

「啊，你看！下雪了！下雪了耶！」

「是啊，下雪了呢！」

「嗚哇～光著手摸好冰哦～」

「……那是理所當然的吧？」

Illustration by 虎井シグマ

「世界上最強的人，

就是有需要守護的事物的人。

如果你追求永遠的和平，

那就為了正義，讓你的雙手染上鮮血吧！」

Illustration by hoshi

「快看快看！這些礦石的光輝……」

「你又撿來不值錢的東西了……」

「你不懂這份美麗的價值嗎!?」

「在你被岩石壓垮之前，快點找出寶物吧！」

Illustration by 春夏凪助

手套妄想症候群

We want to know about secret of gloves, mittens and boys.

手套【ㄕㄡˇ ㄊㄠˋ】

①套在手上的袋狀物品，作用是預防寒冷與外傷，或是裝飾用途。

②弓懸（弓道護手套）。

③老鷹把腳藏在原野的植物中。

④手一直縮在袖子裡的模樣。

引用自『廣辭苑 第五版』（岩波書店）

英語	gloves【估洛布斯】
日語	手袋【嗲布庫洛】
韓語	장갑【醬嘎布】
法語	gants【棍】
荷蘭語	handschoenen【漢斯夫礙】
德語	Handschuhe【漢咻哇】
俄語	перчатки【佩爾啾多基】
葡萄牙語	luvas【魯巴茲】
希臘語	γàντια【剛度剛迪亞】
印尼語	sarung tangan【沙論塔干】
冰島語	hanskar【漢斯卡】
捷克語	rukavice【魯卡溫其】
羅馬尼亞語	mănuşi【馬盧希】
泰語	ถุงมือ【吐牧】

前言

本書是一本「完全傳達戴手套男性魅力」的書。

「我喜歡戴眼鏡的男性」、「我喜歡聲音好聽的男性」、「我喜歡抽煙的男性……」，女性的癖好越來越多元了。本書中的「手套」也是一種女性的新癖好。

仔細想一想，手套用於各種情況，也會用於各種用途。工作、運動、時尚、正式打扮。手套的種類和材質也細分為許多種。毛線、皮革、尼龍、橡膠……。有時用來溫熱雙手，有時用來保護手部，有時用來保持手部清潔。不管是哪一種情況，手套都會輔助持有者，還有讓持有者散發出與平常不同的感覺。

「什麼樣的男人，會為了哪些用途使用哪一種手套呢……」

關注包裹住男性雙手的手套，妄想男性與手套的關連，反而

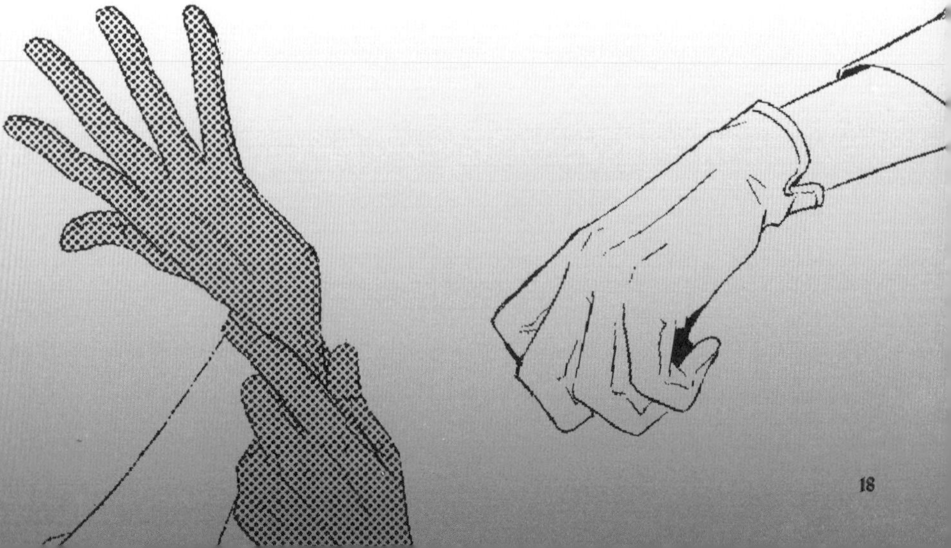

會挑起人們對持有者的好奇心。

手跟身體本來就不一樣，是不需要特別遮掩的部位。刻意藏起不需要遮掩的手部，反而是煽動女性探究心理的魔性物品……這正是手套存在的意義吧？

此外，手套還有另一個相當大的魅力，佩戴時與脫下時的動作。跟「鬆開領帶」、「停車」、「撥頭髮」的動作一樣，正在戴手套和正在脫手套的男性，都有一股獨特的性感味道。

手套也有一種類似開關的作用，可以切換成正式與休閒。對於熱衷落差的女性來說，穿脫手套的動作也會讓人心癢難耐呢！

本書是世上罕見的手套癖專書。不管是一直都很喜歡男性手套的人，還是過去完全不感興趣的人，希望本書能讓您感受到手套的嶄新價值。

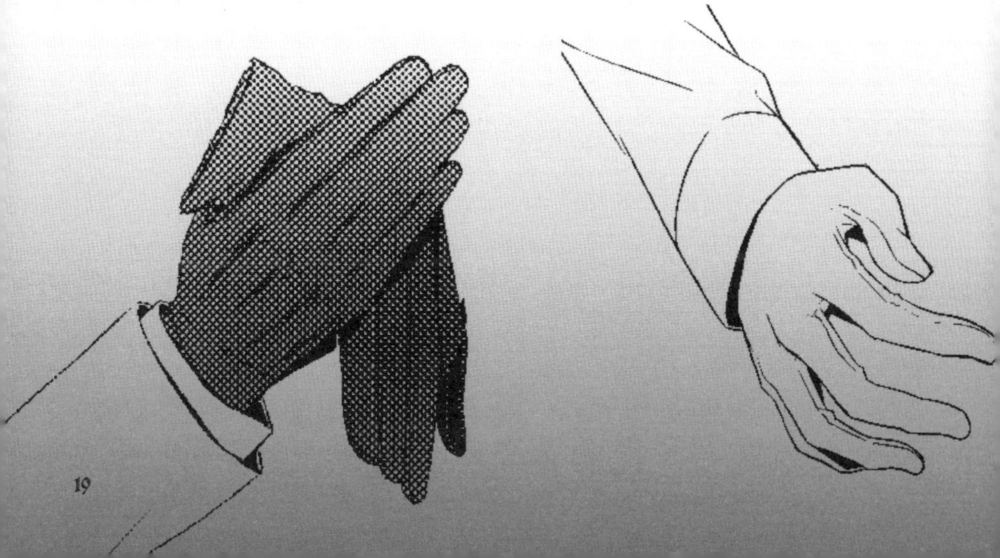

目次

與手套的一天

運動手套圖鑑

卷末附錄

手套歷史繪卷

手套的歷史依然充滿謎團。

人類究竟是從什麼時候開始佩戴手套的呢？

而手套在什麼時候輸入日本的呢？

讓我們深入探討重重謎題的手套歷史。

手套的歷史
～世界編～

手套的起源與由來至今依然是個謎團。什麼時候才發展出這樣的形狀呢？第一個戴手套的又是誰呢？手套是在哪裡誕生的呢？目前還找不到答案。先讓我們用世界性的廣泛觀點，分析一下謎樣的手套歷史吧。

手套的起源有很多種！果然是神秘的面紗

手套的起源眾說紛紜，至今依然不明。不管是何種說法，都有共通的見解，那就是手套最早是用來禦寒，保護雙手。手套的原型出現於歐洲的舊石器時代，於是有人提出人們可能是為了禦寒才戴手套的見解。「溫暖雙手」的手套，經過漫長的歲月，價值反而越來越傾向裝飾用途。用於宗教儀式，或是典禮與祭典時的正式禮服。此外，當手套演變為裝飾用途時，工作用的手套也持續在進化。人們開發出在工廠或農場用的工作手套，也有用於醫療用途的乳膠手套。手套的歷史隨著人類的進化演變，讓我們從世界性的視野解開它的謎底吧。

世界手套年史表

	舊石器時代用來做為禦寒道具？
西元前14世紀	古埃及的圖坦卡門曾經使用過。
西元前8世紀左右	在古希臘的『奧德賽』中登場。
西元前5世紀	在古羅馬的『歷史』中登場。
	～已經深入各地，用於禦寒、祭典、宗教、正式禮服～
12世紀	亨利二世於加冕儀式時佩戴手套。
13世紀	成了以歐洲為中心的流行配件。
16世紀	伊莉莎白一世的手套引發大流行。
29世界	英國最高級的手套公司Dents創業。

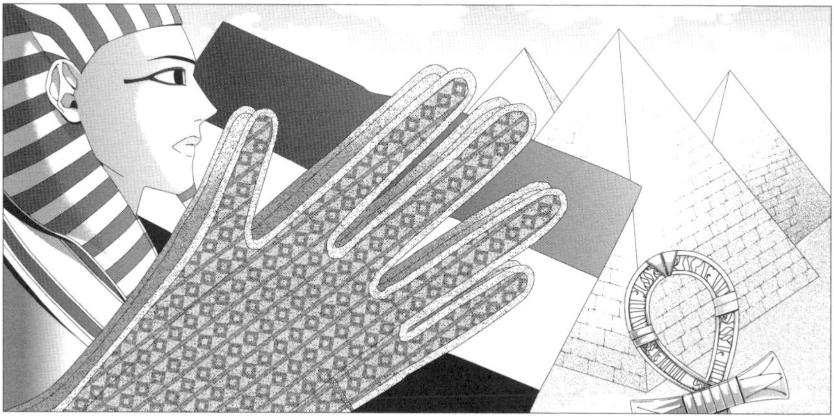

圖坦卡門也是個喜愛手套的人

現存最古老的手套之一，就是以金字塔聞名的古埃及國王—圖坦卡門的陵寢中出土的手套。1926年11月26日，由英國考古學家霍華德・卡特（Howard Carter）等人在金字塔中發現這副手套，當時手套混在其他奢華絢麗的陪葬品之中。

不過這副手套已經破損泛黑，比起二千多項用黃金、珠寶製成的財寶，還有知名的黃金面具相比，算是一項相當不起眼的陪葬品……。因此，有人認為手套可能不是特別為了陪葬製造的，而是圖坦卡門生前曾經使用過的物品。

手套的材質是麻製品。由於埃及的夏季氣溫超過40℃，冬季也有15℃，麻質手套的透氣性佳，正好適合當地的天氣。指套部分也分成五個，跟現代的手套幾乎一樣。手腕部分穿了一條固定用的繩子。這副手套目前存放於埃及的開羅博物館中。

除了圖坦卡門的手套之外，在古埃及城市阿瑪納的一座陵寢中，也發現了應該是國王贈予高級官員的手套。目前也發現畫著古埃及手套的繪畫，表示手套早在4000年前就已經存在了。

人們也在某個埃及的壁雕中，找到官員戴著國王贈送的手套的情景。看來手套在古埃及應該是由支配者送給誓言效忠的家臣的禮物。從這一點可以窺見古埃及人不僅重視手套的機能性，手套也象徵了國王的權力。

古希臘史詩也看得到手套的身影？

讓我們換一個地點，手套也曾經出現在古希臘的歷史中。那就是我們都曾經在學校的世界史中讀過，據說由大詩人荷馬寫於西元前８００年左右的長編史詩『奧德賽』。

『奧德賽』的故事內容描述英雄—綺色佳（伊薩卡島）國王奧德修斯在特洛伊戰爭獲勝後，凱旋歸國的途中發生的事件。他失去船舶，失去部下，獨自一人飄流回國。

目前『奧德賽』已被譯為多國語言。其中有些譯本中有這樣的記述，主角奧德修斯的父親雷特斯在庭院散步的時候，戴上手套以避迴荊棘的刺。不過在其他的譯本中，完全沒有手套的記載，只寫了用袖子遮掩雙手，並沒有非常清楚的說明，所以也有人質疑是不是真正的手套。

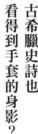

古代史的研究資料中也有手套的記載

在古希臘之後，接下來「手套」這個字眼的再度登場，則是西元前４４０年的事了。手套出現在古希臘歷史學者希羅多德的著作『歷中』中，這是他在波希戰爭後周遊各國的記錄。書中提到有一位名叫雷歐提希德的男子，收取了裝滿一整隻手套（軍用護手套）銀幣的賄賂，因而被問罪的故事。把錢裝進手套裡交給別人，的確是個嶄新的方法呢！

到了現代，『歷史』仍然是一本研究古代史時不可或缺的書籍。因此大部分的人都認為古希臘手套最早應該是出現在『歷史』，而不是『奧德賽』。

此外，在古羅馬人撰寫的書籍中，也多次提到手套。最具代表性的是活躍於西元１００年前後的羅馬帝國學者，同時也是政治家的小普林尼的書信集。他的伯父大普林尼會在冬天乘坐馬車的時候，讓幫他寫口述筆記的速記員戴上手套，以便在寒冷的冬天寫字。由此可以窺見大普林尼在羅馬嚴寒的氣候中，對部下的關懷。

無論如何，與象徵強烈權力意義的古埃及呈對比，古希臘和古羅馬使用手套的目的應該是為了抵禦寒冷，保護雙手。

不分男女 時尚的手套大流行

過去手套一直都是男性的用品，到了13世紀左右的歐洲，首次成為女性的流行配件。當時貴族的女性們流行亞麻和絲質手套。長度則以略長於手腕為主流，偶爾也流行長及手臂的長手套。

男性當然也會佩戴手套。最有名的時尚手套，現在是維也納美術史博物館的典藏，那是1220年左右，腓特烈二世在在西西里國王加冕儀式用的紅色絲質手套。手背的部分鑲了珍珠、紅寶石、藍寶石等等奢華的寶石，手心則以金線繡著老鷹圖騰。明確顯示了手套在裝飾品方面的發展。

伊莉莎白一世的手套珍藏

時光來到16世紀。手套的流行速度越來越快。這次始作俑者是英國女王伊莉莎白一世。她現身的時候，總會佩戴裝飾著寶石、刺繡和蕾絲的豪華手套。社交界的女性們見到後爭相模仿，追求更奢華，更美麗的手套。

伊莉莎白一世喜歡手套是出了名的，她竟然擁有約２０００副手套，據說還要請專人來打理這些手套。還有一個小故事是在她參加某一場祭典的時候，竟然穿脫手套一百多次。也許她是想用刻意遮掩雙手的動作，來強調自己的美麗吧！此外，當時為了方便用餐與握手時脫下手套，長手套的手腕內側還開了一個洞。

跟手套有關的風俗民情

從中世到近世的歐洲，各地都衍生出各式各樣使用手套的習俗。

中世的騎士們將女性贈予的手套視為愛情的證明，收在鎧甲或帽子裡，愛惜有加。後來演變成如果在睡覺時被女性親吻，第二天男性就要送手套給該名女性的習俗。好浪漫的情節哦！

此外，手套還跟有名的決鬥相關。近世的歐洲，只要丟擲手套，或是把手套丟到對方的臉上，就表示要跟對方決鬥，撿起手套就是接受決鬥的意思。由於大多數的人都是右撇子，所以丟出來的一定是左手的手套。如果不撿手套的話，就表示對方選擇逃跑。

到了現代，新郎在婚禮上戴白手套，就是源於決鬥的習俗。象徵「我已經做好心理準備，如果有人要傷害我保護的女性，我將不惜一戰」的意思，所以新郎總是佩戴白手套。另外，提到情人節，現在日本是由女性送巧克力給男性，這個時代的習俗則是相愛的男女互贈手套。

為什麼手套會有這麼多跟戀愛有關的小故事呢？也許是因為Glove的字母中，包含著Love，才會衍生出一些關係吧，不過這個說法的真偽，目前還沒有定論。

順帶一提，中世到近世的歐洲，手套大多數是皮製品。因為歐洲的狩獵文化原本就比較發達，動物的皮革比棉質或針織品更容易取得。當時的皮手套，味道比現在還重，所以也衍生出在手套上灑香水的習慣。南法以香水聞名的城鎮格拉斯，現在依然跟香水齊名，是香味手套的生產地。

到了18世紀後半，世界聞名的手套公司Dents在英國創立，手套逐漸成為冬天時尚不可或缺的一員。據說Dents的手套「貼合手部，讓人幾乎忘了它的存在」，被當時的人們譽為「神奇貼合」，備受人們的喜愛。

到了現代
依然不斷出現稀有手套

儘管手套已經滲透到世界各地，最近還是聽到不少跟手套有關的小故事。

最有名的就屬麥可．傑克森跟手套的關係。他生前登台的時候，只有右手戴著奢華的亮片白手套。有人謠傳他是「為了掩飾種族情結」，在他的自傳中則寫著「只是裝飾」。在他的追思會上，他所有的兄弟姊妹都戴上這樣的手套來送他最後一程。此外，麥可．傑克森第一次發表月球漫步的時候，當時戴的手套在拍賣會中以３５萬美元（約３１００萬日元）成交。得標的是一名香港富商，據說含手續費總共是42萬美元（約３７２０萬日元）。大概是近年來最昂貴的手套吧！

手套在各種歷史中悄然登場，為歷史增添色彩。戴起來溫暖，看起來賞心悅目，至今依然充滿謎團，有興趣的你也來研究手套深奧的魅力吧！

手套的歷史
～日本篇～

接下來就要講日本的手套歷史了。有一種說法是手套在平安時代就已經存在了。讓我們來追究日本手套謎樣的起源吧。

日本的手套到底源於何時？

其實，日本的手套也沒有明確的起源。目前已經在各地發現用稻草編成連指手套狀的民生用品，不過年代和詳情目前還是一團謎霧。

相對於狩獵民族的歐洲人喜歡利用肉食副產品的皮革來製作手套，日本人則是利用農作物的副產品—稻草來製作手套。看來，就算兩地相隔千里之遠，手套的發展方法還是有共通的部分。人們利用稻草製作的手套來運雪、冬天上山砍柴，撈捕鮮魚、挖洞。

目前日本的手套90％產於香川縣。手套是如何發展成現在的形式呢？香川縣為什麼會成為手套的名產地呢？讓我們就這兩個謎題依序說明吧。

日本手套年史表

平安時代	『信貴山緣起』中有手套的繪畫。
室町時代	『慕歸繪詞』中有手套的繪畫。
鎌倉時代	流鏑馬的手套普及化。
江戶時代	開發出滅火的三叉手套。
	赤穗浪士佩戴手套。
	開發出工作手套。
明治時代	大阪開始發展手套產業。
昭和	手套產業移至香川縣。

平安、南北朝時代就有手套的蹤影

最早出現手套的現存繪卷，是平安時代後期完成的『信貴山緣起』。這幅作品與『鳥獸戲畫』、『源氏物語繪卷』、『伴大納言繪詞』並列為四大繪卷，此繪卷中的修行僧侶手上戴著看似手套的物品。因此，我們可以得知在12世紀時，手套已經存在。

繪於南北朝時代的『慕歸繪詞』中，也清楚的畫著手套。在繪卷中，畫著一名騎在馬上，臉蒙著布的僧侶，他手上的手套形狀跟現代的手套非常相近。

現存的手套則是一般民眾的日用品，用稻草編成的手套，或是用來禦寒，裡面塞棉花的連指型手套。

現代手套的起源？鎌倉時代的護臂

現代手套的起源有一種有力的說法，是源於鎌倉時代武士們佩戴鎧甲的護臂或弓懸。它們都是用鐵板，耐用的布料或皮革製成的。護臂是從手腕一直延伸到手背的長型護具。此外，在手的部分與護臂分開的狀態下，還會戴上弓懸。弓懸只會包覆大拇指的部分，其他部分幾乎都是裸露的。這個形式跟現在弓道使用的弓懸相同，都是為了重視射箭時的手指自由度。最接近現代手套的，應該是武士上山打獵時，或是流鏑馬時使用的一種「懸」。當時人們好像就稱流鏑馬用的懸為手套了。狩獵流鏑馬會在雙手佩戴皮革手套，在馬上拉弓。

日本現存最古老的手套是屬於那位歷史人物？

根據下野黑羽藩的藩主命令家臣記錄的資料，江戶初期的手套版型，是只有大拇指、食指、小指的三指手指手套，中指和無名指則用不同的布塊縫合。雖然溫暖舒適，不過大拇指附近不夠貼合，還不能視為完美的手套。

日本現存最古老的手套，是元祿15年加入赤穗浪士參與討伐，大石內藏助的嫡生子—大石主稅的手套。目前這副手套收藏在泉岳寺，只有大拇指用了不同的布塊，跟現代手套的構造相同。布料是藍色，型染上白色的蜻蜓圖案。由於蜻蜓可以在空中迅速捕獲獵物，具有極佳的攻擊力，所以又被人們稱為「勝利蟲」，是力量強大的象徵，也是武士衣服常用的圖案。

消防員手套的起源
火災和打架催生的手套

時間一樣是江戶時代。江戶的木造房屋林立，也稱為「火災都市」。這時設立了「大名滅火」、「町滅火」等類似現代各區消防隊的制度。滅火時佩戴的就是有三個套手指處的滅火用手套。當時最耐火的材質是皮革，不過它的產量少，非常昂貴，所以改用2～3片棉布疊在一起，用粗棉線以密針腳縫在一起的刺繡布。這種材質很耐用，還能吸附大量水份，所以很適合用來滅火。由於布料有厚度的關係，沒辦法分別製作五隻手指，連指手套又沒辦法進行比較精細的作業，所以只有大拇指和食指獨立出來，製成「三叉」的方式。儘管用的是伸縮性不佳的材質，大拇指依然可以自由活動，底部呈三角形。

由於這款滅火手套非常方便，所以一直沿用到明治時代。當時都是由消防員的老婆或是消防員自行製作手套，隨著時代發展，每三年都會請刺繡業者製作新品，發給各區的消防員。說不定就像女性送手套給中世的歐洲騎士一樣，江戶時期也有女性送手套給地區的消防員呢！

江戶時代是手套發展期
眾所周知工作手套登場

江戶時代末期，現在大家最熟悉的工作手套也登場了。據說負責大砲的長州藩為了避免在空手接觸武器時沾到鐵鏽，所以讓士兵戴上手套。這就是工作手套的由來。據說工作手套是由下級武士為大砲隊的人縫的。後來，德川幕府打造近代化的軍隊，對手套的需求更是大幅增加了。

到了明治時代後，大日本帝國海軍組成。這時的工作手套的用途依然是「軍事手套」。這個時候，工作手套還不是工業時使用的，而是做為禦寒用途。

在第二次世界大戰之前，工作手套都是用平織布製成的。平織布是15～16世紀時，從荷蘭傳入海外貿易據點—長崎的布料。特徵是上下左右都有伸縮性，非常溫暖。現在的工作手套還是用平織布製作的。隨著時代的演進，也開發出在手腕部分縫入橡皮筋的安全手套。1965年，零接縫的針織手套大量生產，工作手套也普及到一般民眾了。

軍人的正式禮服用手套使用皮革製品

大日本帝國軍正式禮服用的白手套，是從國外進口的產品。雖然也有針織品，據說大部分還是皮革製品。我們在之前的「世界篇」曾經提過，在狩獵文化興盛的歐洲，皮革手套才是主流。這些手套的手腕處通常都有金色或銀色的鈎子，手背會有三道直線。

穿著軍裝，唰一聲套上白色皮手套的男子，即便是身處於現代的我們，看了都會怦然心動，充滿男子氣慨又性感呢！軍裝加上白手套，是喜歡手套的女性最喜歡的組合之一。

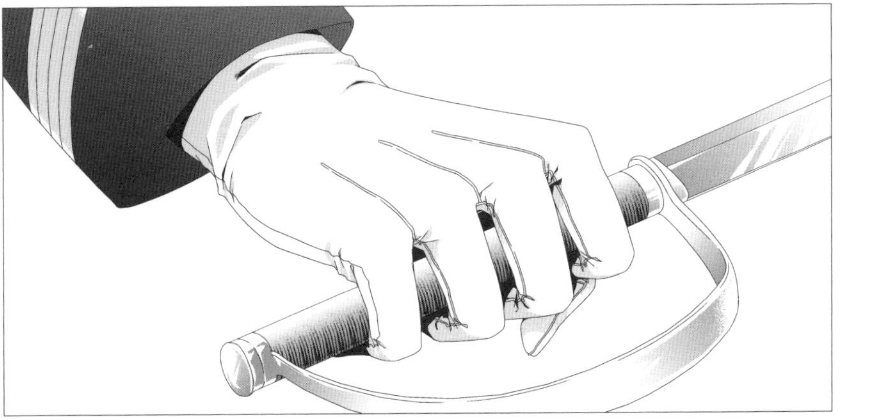

日本手套的主角是香川縣

提到日本手套的歷史，一定不能錯過香川縣的東香川市。這是因為目前日本國內製造的手套，有九成都是在香川縣的東香川市生產的。

這件事要追溯到１８８４年，位於白鳥村的千光寺副住持─兩兒舜禮，他跟住在寺院附近，當時年方19的明石竹乃墜入情網的時候開始說起。當時還是一個士農工商有別，不同身份的人無法通婚的時代。身份不同的兩個人私奔到大阪。為了賺取生活費，竹乃到鄰居家裡縫製針織品。

不久舜禮就開始研究針織品。當時，在大阪港口工作的漁民們，用一種名為手靴的連指手套。舜禮靈機一動，「用針織品來改良使用不便的連指手套吧」，為了提昇漁民們的工作效率，他製作工作用的手套。這就是形狀跟現在一樣的手套商品化的第一步。

舜禮在大阪開了一家手套工廠。舜禮死後由他的表兄弟辰吉繼承，他也把針織手套的生產方法傳到東香川市。這時手套生產的主要據點還是在大阪。東香川市的手套製造業，只不過是大阪的外包加工廠。到了二次大戰之後，東香川市的手套業者脫離大阪方面的資本，終於能自行買進材料，於是他們也確保自己的原料並且進行製造。隨後，除了針織製品之外，他們也開始生產皮革手套、合成皮手套、編織手套、毛線手套等等多樣化的產品。

在二次大戰之前，人們認為手套的

主要作用是禦寒，二次大戰之後，由於暖氣發達等等生活環境的變化，手套的用途從禦寒轉為裝飾。

手套趨向高級化發展，同時也有越來越多重視機能性的需求。手套的用途更廣了，人們開始製作各種作業用，或是運動用的手套，直至今日。

現在，香川縣東香川市被人們稱為「烏龍麵縣手套市」，就連市內公司的名片地址也寫著「手套市」。當地的代表卡通角色就叫做「手套套」，喜歡手套的人千萬別錯過這個觀光景點。

持續發展的日本手套歷史

「日本手套的歷史就是材質的歷史」。尼龍、聚酯、壓克力……，每次有新的化學纖維登場，就會生產出觸感更佳，強度更好的溫暖手套。最近也開發出幾種新的材質，也有新的手套上市。

其中最熱門的就是抗UV的手套。通常是用聚酯或羊毛等材質製成的，摸起來非常滑順。除了材質之外，「夏天也要戴手套」，也是一種建立全新使用法的逸品。雖然現在的主流是女用手套，不過怕曬黑的男性也會使用夏季護腕，把它當成流行的配件。

此外，還有以USB傳輸線連接的數位手套，效果就跟電子暖手器一樣，也有用魔鬼沾穿脫的輪椅手套等等，市面上也可以找到各種創意手套。

正因為日本人擅長精密的手工以及科學發明，未來應該會開發出更多的機能性手套，為手套歷史妝點更多的色彩吧。

Column 1

漫畫、動畫中的手套人物

在漫畫或動畫中登場的戴手套人物，佩戴手套的理由大致可以分為幾種類型。第一種是因為職業或運動戴手套的情況。在足球漫畫中總是戴著手套的角色，還有管家或是保鑣等等，日常生活中總是戴著白手套或皮製短手套的角色，都屬於此類。第二種是手上有某些秘密的情況。像是手是鬼的手，或是手是野獸的手，手上有一個風洞，或是手上有不明原因的胎記，手上有燒傷的痕跡……。這類型的手套角色，是為了遮掩手的特殊狀態才會戴手套。這時，手套角色通常是關鍵人物，他們的手的狀態通常會左右故事的走向。還有只是為了塑造角色而穿戴手套的情況。在冒險故事中，積極的主角經常會戴露指手套。謎樣的角色、腹黑的角色好像也經常戴手套的樣子……。孕育出手套角色的生父生母，似乎是把手套當成一種表現特徵的道具，才會讓角色戴上手套。

手套男子職業圖鑑

保全人員、電力工程師、漁夫，甚至是殺手。

完全介紹古往今來佩戴手套的職業，

以及這些職業的魅力與手套之於該職業的必要性。

管家

Butler

隔著白手套也可以感受到的優美動作

管家負責在英國中流最上層～上流家庭中掌管傭人，是為人熟知的存在。除了要服侍主人之外，還是男性傭人的總管，有點像是秘書的角色，管家佩戴的手套是手腕處以鈎子固定的禮服用白色手套。手背上一定要有三道直線。

由於請得起管家的富裕家庭，使用的餐具幾乎都是昂貴的製品，所以必須要特別小心。刀子、叉子等等銀製餐具也要隨時都擦得光可鑑人，餐具當然不可以出現沒洗乾淨或是破損的情況。在必須慎重處理的情況下，根本不可能空手進行這些作業。據說保護銀製餐具就是他們一定要戴手套的理由。

管家的手套源於馬術服裝？

提到管家之所以戴手套的理由。除了不要造成高價餐具的污損這個實用的意義之外，據說跟管家的服裝也有關係。管家最高級的正式禮服就是燕尾服了，其實有一派說法認為燕尾服是改良自馬術服裝。

管家的行為舉止永遠都很優雅，也許就是源於騎馬時高雅的動作吧！

騎馬的時候也會佩戴手套，不過材質跟管家用的不同。管家戴的手套（尼龍製或是棉製的正式禮服用手套）用在需要做出劇烈動作的騎馬時，稍嫌不夠耐用。騎馬時如果使用管家用的手套，由於缺乏耐久性，馬上就會破損。

新時代的管家!?執事咖啡廳也會佩戴

對我們來說，比較有機會見到的管家，應該是執事咖啡廳的管家了。原本只有富裕家庭才請得起的管家，現在只要去咖啡廳就能享受他們的服侍，因而大受歡迎。在執事咖啡廳裡，自然會遵守正式的管家禮儀，戴著有直線的白手套服侍客人。

為了避免對造訪餐廳的大小姐們失禮，管家們受到嚴格的教育，必須隨時戴著乾淨的白手套，跟真正的管家相比，可以說是毫不遜色。

由於執事咖啡廳的管家是接待客人的行業，所以在服侍時、對話時、確認行程時特別注重言行舉止，非常忙碌。不過他們為了滿足客人，會以英式管家的禮儀，歡迎客人的到來。

管家手套㊙機密檔案

執事咖啡廳又分為正統派或是視覺派，有各種類型。服務時隨時帶著手套，避免弄髒餐具或盤子的是正統派。不過也有服侍時不戴手套的執事咖啡廳。對於喜歡手套的人來說，這種執事咖啡廳可能會讓人失望吧！

白手套一直流傳到現代的管家

透過電影或漫畫，一般人都認識管家這個職業了。在培養補佐世界各國優秀人才的管家訓練學校裡，戴手套已經成了一種義務。由於要在短～中期內徹底學會禮儀、服侍方法，通常手套不用多久就破破爛爛了。

通常大家都覺得管家是上流家庭的傭人，現在最多的管家卻是在一流飯店，他們負責招待的客戶是各企業的高階主管，服侍他們或是當他們的司機，原本「管家」指的就是這種意思。用飯店接待人員（Concierge）這個說法也許比較容易理解吧！這時，他們為了不要對顧客失禮，從事實務工作時通常也會戴上白手套。

管家手套㊙檔案

在漫畫或動畫中登場的管家角色，他們戴的手套是什麼材質呢？雖然在作品中很少提及，為了外觀和好聽起見，通常都會設定成絲質。現實生活中的管家，則是由管家自行選定材質，據說還要配合TPO分別使用……。

站務人員

Station employee

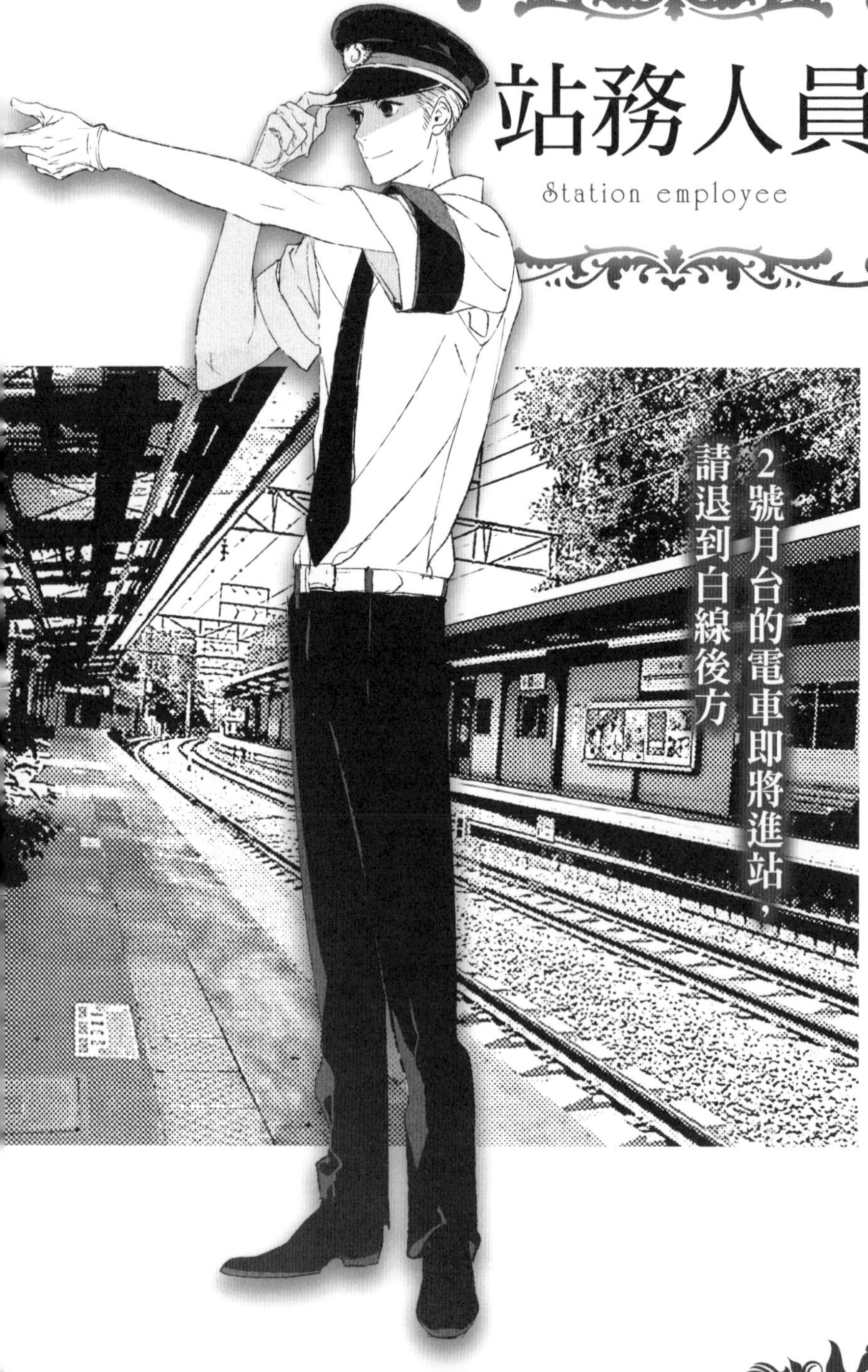

為了保護乘客的安全 日夜閃耀的純白色手套

站務人員的工作是疏散車站的乘客，以及處理緊急事故，車掌則負責指揮車門開閉與乘客，他們戴的都是常見的白手套。為了乘客的安全，以及協助電車順利行駛，他們會向其他的員工發送訊號。為了在夜間或是昏暗的場所也能清晰可見，他們會佩戴反光率最高的白色尼龍手套。

除了確實傳遞訊號之外，手套也有保持共用機器衛生的作用。疏散乘車時，如果自己的手被電車夾住，只要戴著手套就能順利的抽出來，兼具迴避危險的優點。順帶一提，電車駕駛也會戴著白手套或是白色的工作手套。可以防止皮脂或汗水沾到方向盤或儀表板，檢查車輛故障時也很好用。

站務人員手套機密檔案

站員人員、車掌的手套都是鐵路公司發的。由於手套耗損得非常快，公司發的手套經常不敷使用。只要提出申請，有些鐵路公司就會馬上再發新的手套，有些站務人員也會自行到大賣場購買。

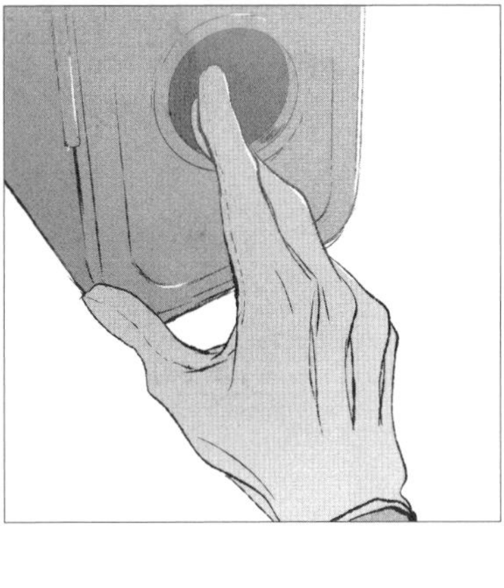

警察

Policeman

在現場戴白手套已經是一種義務!?

被派遣到現場處理事件，負責搜查工作的刑警，使用的手套是100%的純棉白手套。跟刑警關係深厚，負責鑑識或模擬像的鑑識人員一樣也要戴100%的純棉白手套。這是為了不要讓自己的指紋直接印在事件現場的證物上。為了找出犯人、解決事件，必須維持指紋、血跡等等證物。因此，對於所有進入事件現場的相關人員來說，戴手套是一個基本的義務。

此外，巡警戴的手套，則是用魔鬼沾固定手腕的皮製警用手套。他們有時也要押送犯人，為了提昇耐用度，會在手套加上一些護具。

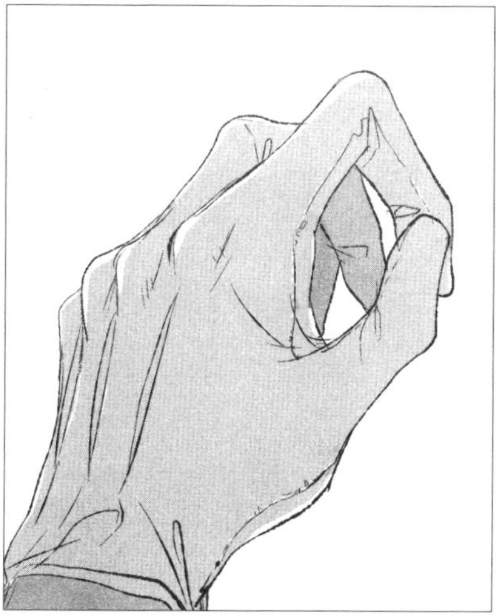

警察手套㊙機密檔案

警目手套用的是警察專用品牌製作的手套。雖然可以直接上網訂購，不過收件地點必須是警察局，一定要寫上警察局的名稱與組別。基本上一般民眾不能隨便購買。

醫生

Doctor

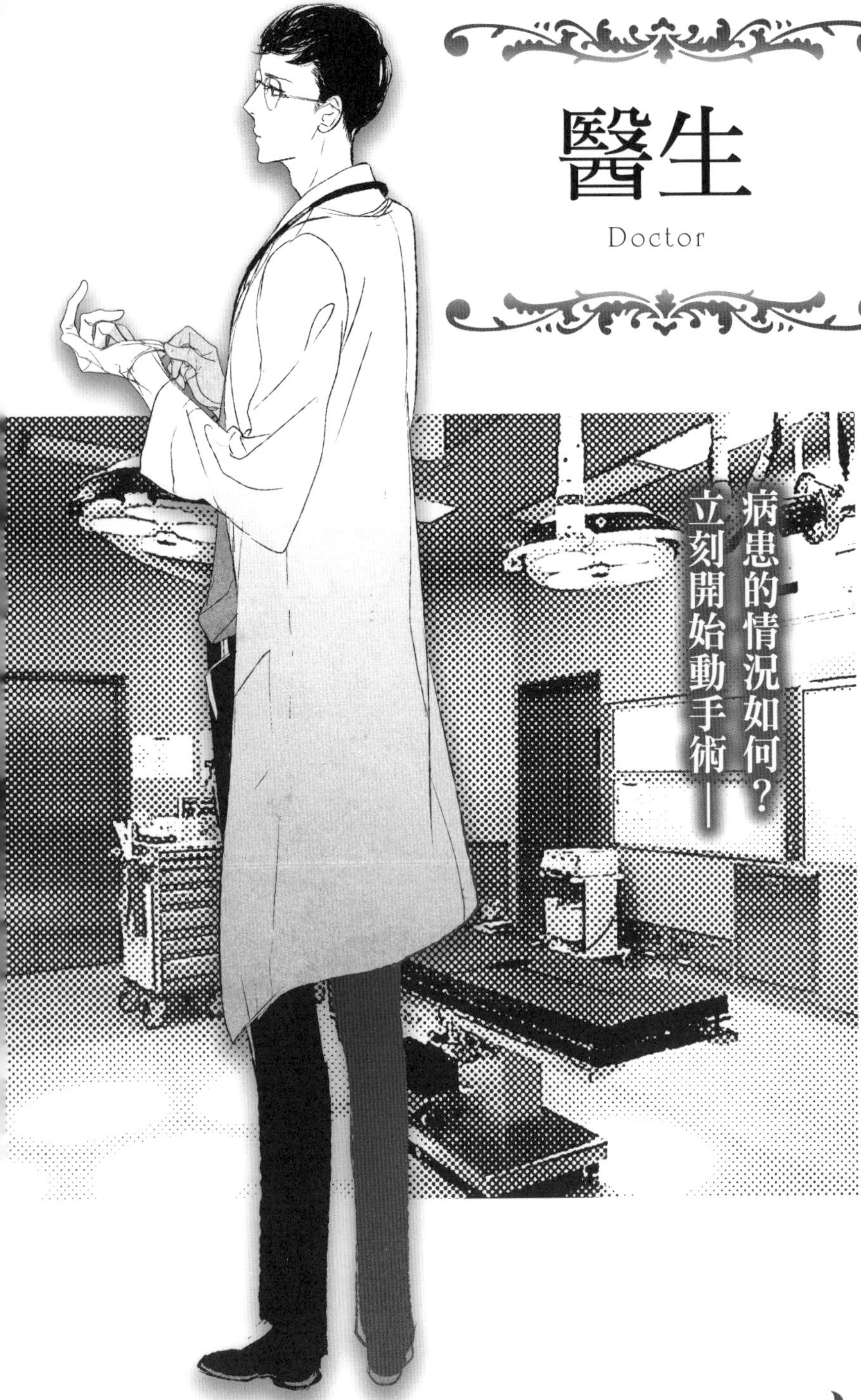

經過殺菌消毒 接近皮膚的觸感

醫生在動手術時戴的手套，是以天然橡膠製成，完全貼合的透明手套。為了提高工作效率，手套的厚度極薄，跟空手差不多，通常會灑粉防滑。由於手術時要徹底做好清潔工作，所以手術用的手套跟其他輕薄的橡膠手套不同，已經用伽馬射線照射殺菌（照射電磁波的殺菌方法）。

此外，問診時使用的檢查、問診手套，則是極薄的無灑粉塑膠手套。強度與握力都很好，在精密作業時可以發揮很大的效果。

順便說一下醫治動物的獸醫，由於動物的身體構造跟人類完全不同，所以手術時使用的是沒灑粉的手套。

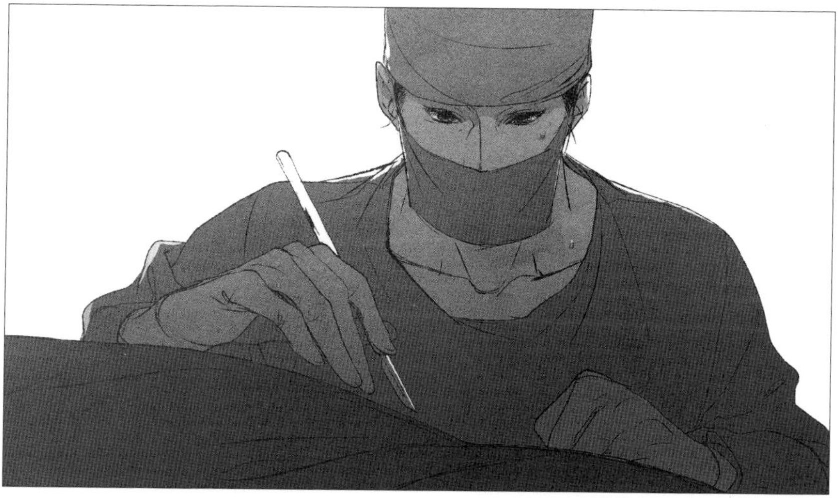

醫生手套㊙檔案

其實，在19世紀之前，人們都是空手進行手術。因此，每次手術之後都要用強力的消毒藥劑洗淨雙手。醫生看到女性護士的手被消毒藥劑殘害，出於體貼才設計出手術專用的橡膠手套。有了手術專用的手套之後，護士和醫生再也不用煩惱發炎的問題了。

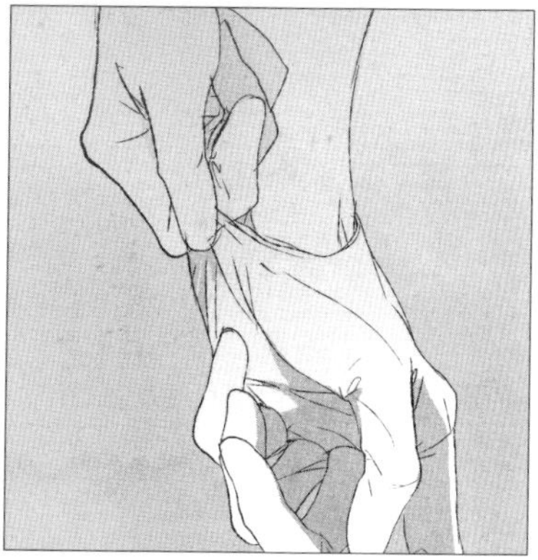

司機

Driver

雖然沒有強制規定
卻是司機的必需品

公車和計程車司機的手套，是手腕用鈎子固定的棉質白手套。棉質製品的吸汗性佳，司機們在行駛時不會感到不適，可以集中精神駕駛。為了避免對客人失禮，整潔的白手套是必備用品。

此外，和同業者會車時，他們也會舉手反映路況，由於白色的反射性比空手更好，比較方便辨識，這也是戴白手套的一大理由。有些司機也會戴皮製的司機手套。這是為了長時間握方向盤，所以才會選擇駕駛更方便的產品。話說回來，一提到司機，大家還是會想到白色吧！

司機手套機密檔案

雖然各家公司的規定不同，計程車司機的公司通常不會指定手套。有些計程車公司有規定要帶有公司LOGO的手套，或是由公司統一採購100日元左右的手套，不過大家幾乎都是各別在大賣場購買。由於每天都要戴手套，所以很快就髒了。

摩托車快遞

Bike courier

摩托車專用 重視實用性的手套

摩托車快遞騎士只要一接到委託就要立刻前往，迅速將托運的物品送達，速度比宅配和郵寄還快。騎士戴的大部分都是摩托車專用的手套，夏季和冬季通常都是用不同的材質。由於使用頻率相當高，只用一季就破破爛爛了。公司很少指定使用特定款式的手套，都是由個人自行購買。

自行車快遞

Messenger

質感好、操作性佳能支持辛勞的工作

自行車快遞擅長近距離的配送。自行車快遞員戴的手套，是施加防滑加工，重視透氣性與握力的自行車專用手套。材質主要混用合成皮與聚酯。手心部分還有吸收衝擊用的軟墊，跌倒的時候也不用擔心。

工匠

Carpenter

工匠用工作手套已落伍
其實他們很愛用皮手套

以建造或修理建築物維生的工匠，工作時總是與危險為伍。提到工匠，大家可能都會想到工作手套，其實近年來大家已經很少用工作手套了，取而代之的是軍用的皮手套。這種手套的透氣性不錯，耐摩損，質量輕又柔軟，對於提昇工作效率有不小的貢獻。

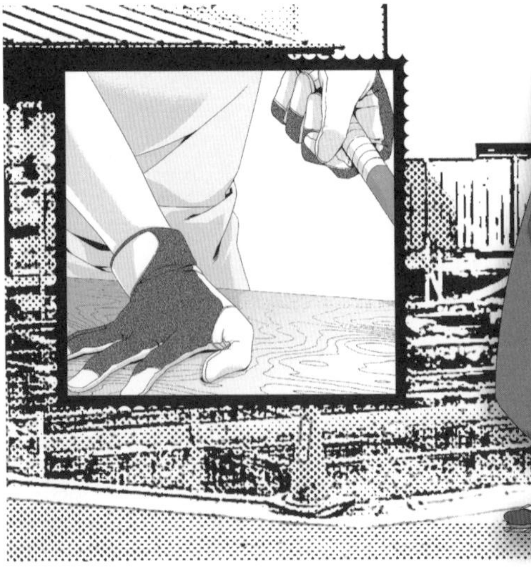

飛機維修工程師

Aircraft mechanic

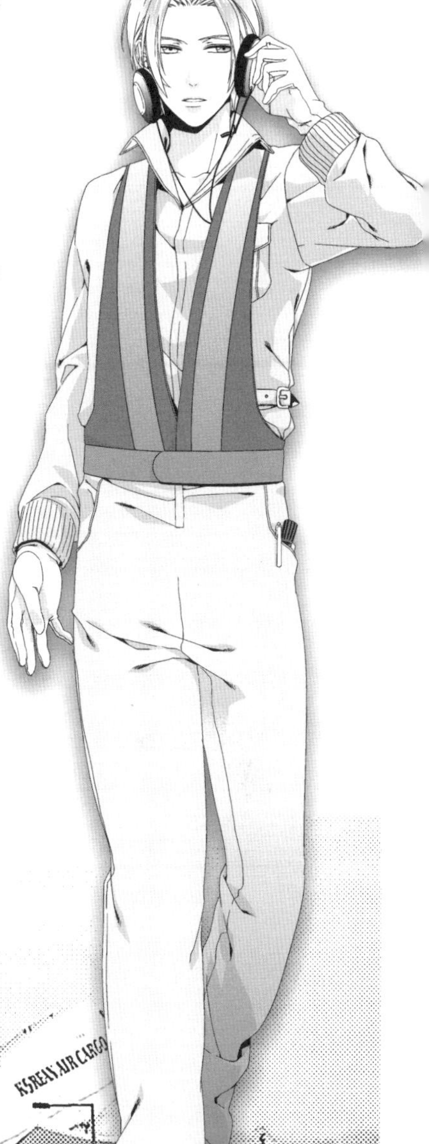

提供安全的旅程
防止帶電的皮手套

飛機維修工程師用的手套也是自衛隊維修員愛用的款式，皮革製的維修作業專用手套。由於他們要經手各種儀表與裝置，為了確保作業時的安全，用的是防止帶電的材質。大部分的企業，包括知名企業，超過半數的公司都選用知名維修員手套廠商所生產的手套。

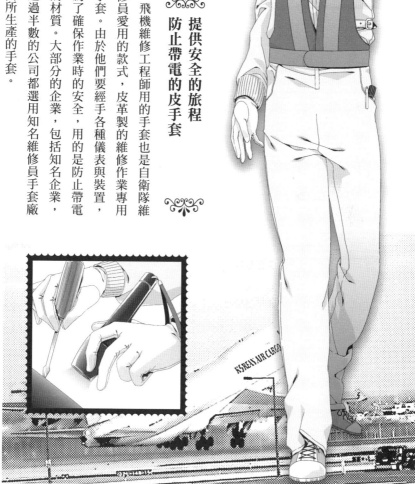

門僮

Doorman

講究手套
一點也不馬虎的頂級服務

門僮可說是飯店的門面，他們的手套是正式禮服用的白手套。為了避免造成顧客的行李污損，一流飯店的門僮通常每30分鐘就要換一次手套。此外，門僮總是隨身攜帶新鈔以提供外幣兌換。摸鈔票之後手就會弄髒，所以換完錢之後，他們也會經常替換手套。

保全人員

Guard

公司規定　一定要戴白手套！

根據日本警備法的規定，保全人員要戴白手套，所有的保全公司和保全人員全部都要遵守。不過材質可以視警備目的自行變更。舉例來說，擔任保鑣的時候，可以戴布製的白色禮服用手套。引導時使用的手套不一定要用禮服用手套，而是用防滑的工作手套。

自衛隊員

SDF Persannel

說到自衛隊 當然是迷彩圖案的手套!!

在自衛隊當中，主要負責陸上防衛領域的陸上自衛官，他們使用的手套是表面有迷彩圖案，手腕用魔鬼沾固定的手套，兼具耐磨損與耐久性。不用的時候可以掛在褲子的皮帶環上，隨身攜帶。

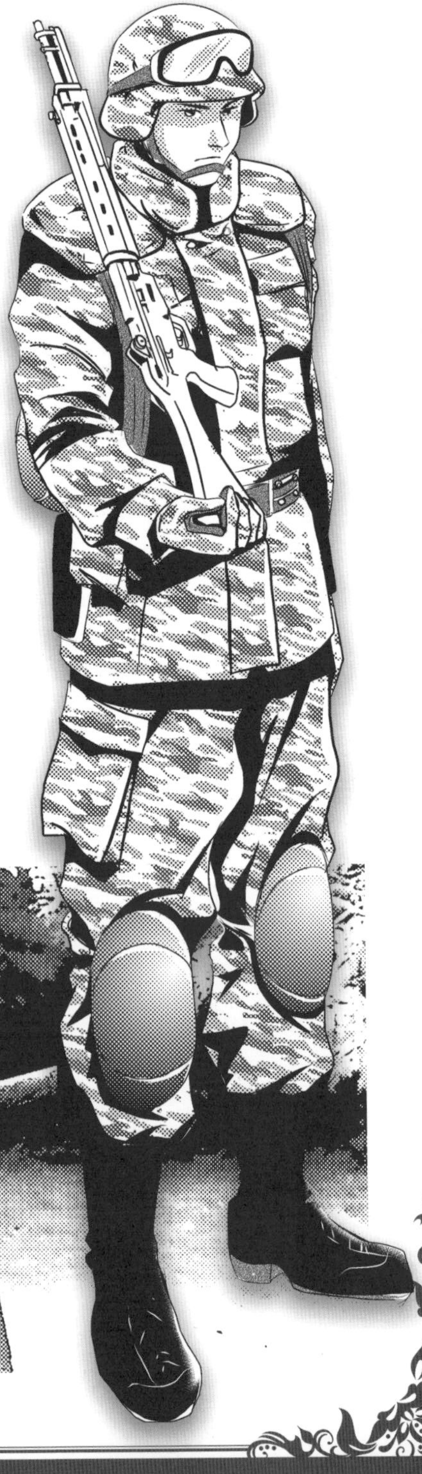

海上保安官

Maritime safety official

不管在陸地還是在海底都必須戴上手套

海上保安官之中，也有因電影一炮而紅的潛水士，他們潛進海裡時，需要戴上潛水專用的橡皮手套。一般來說，潛水專用的手套能防止熱傳導、熱放射，重視保溫效果。此外，穿著正式禮服參加典禮時，一定要戴上白手套。

廚師

Chef

兼具調理時的衛生以及防止雙手皸裂

廚師用的手套，通常是拋棄式的烹調用塑膠手套。私人店舖是否使用則因人而異，在飯店等等製作大量料理的大規模廚房中，或是麵包店、蛋糕店或是負責洗盤子的人，通常都會戴手套。

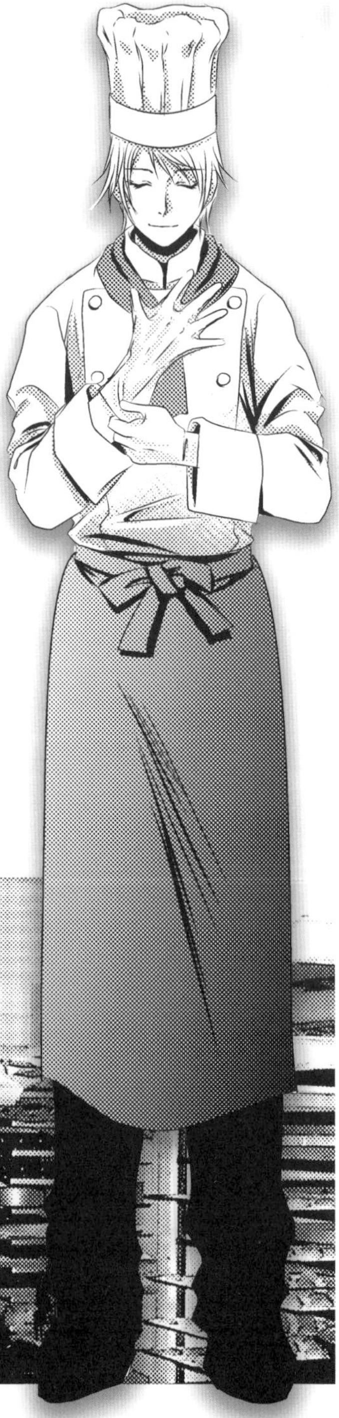

消防員

Fireman

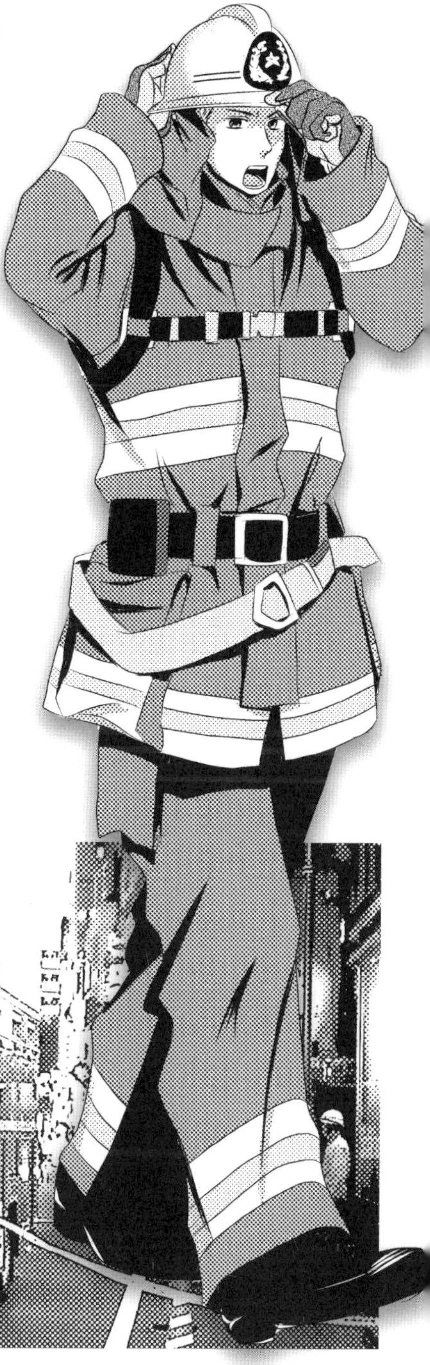

專為與火焰戰鬥的勇者們設計的耐熱厚手套

發生火災的時候，消防員必須立刻前往現場，他們帶的是兼具耐熱性與耐久性，以魔鬼沾固定手腕的皮手套。厚度約為０．７～０．８公分，由克維拉（KEVLAR）纖維製成，非常耐用。平常訓練用的手套，則是比現場用的還薄一點的皮革手套。

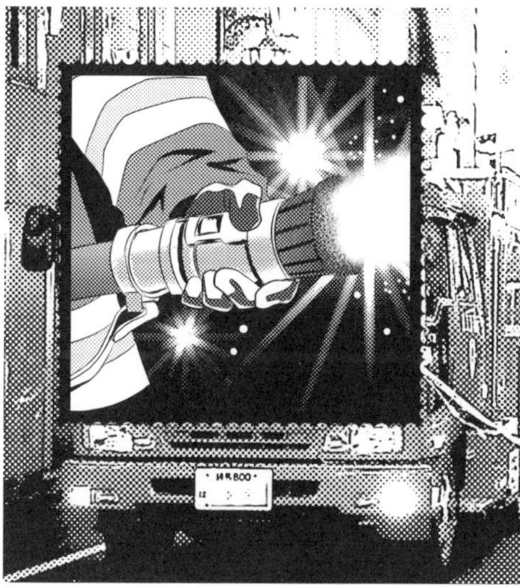

漁夫

Fisherman

提到漁夫則少不了橡皮手套
捕魚專用合成皮手套

漁夫主要的戰場就在波濤洶湧的海上，他們用的手套是耐摩損、耐油性強、輕量又有裡布的橡皮手套。由於魚的表面都有黏液，有些種類還有毒性。因此，他們必須準備指尖、指縫都有加強防護的手套。此外，也有一些漁夫喜歡用釣魚用的機能性合成皮手套。

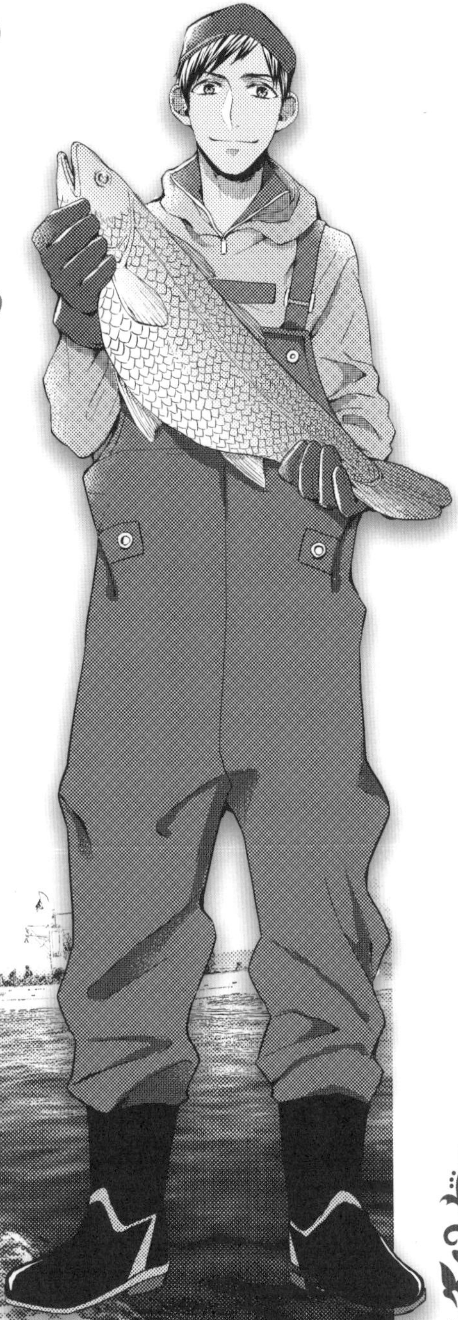

農夫

Farmer

視作業內容分別使用
運用大地資源的纖細指尖

進行農務作業時，會在不同的作業中，使用不同的手套。收成的時候，為了避免被農作物刺傷，戴的是可以進行精密作業，有伸縮性的防水橡皮薄手套。進行勞力作業時，或是運送的過程中，則會用有止滑功能又耐用的橡皮薄手套。最近市面上也有發售一些重視流行性的橡皮手套。

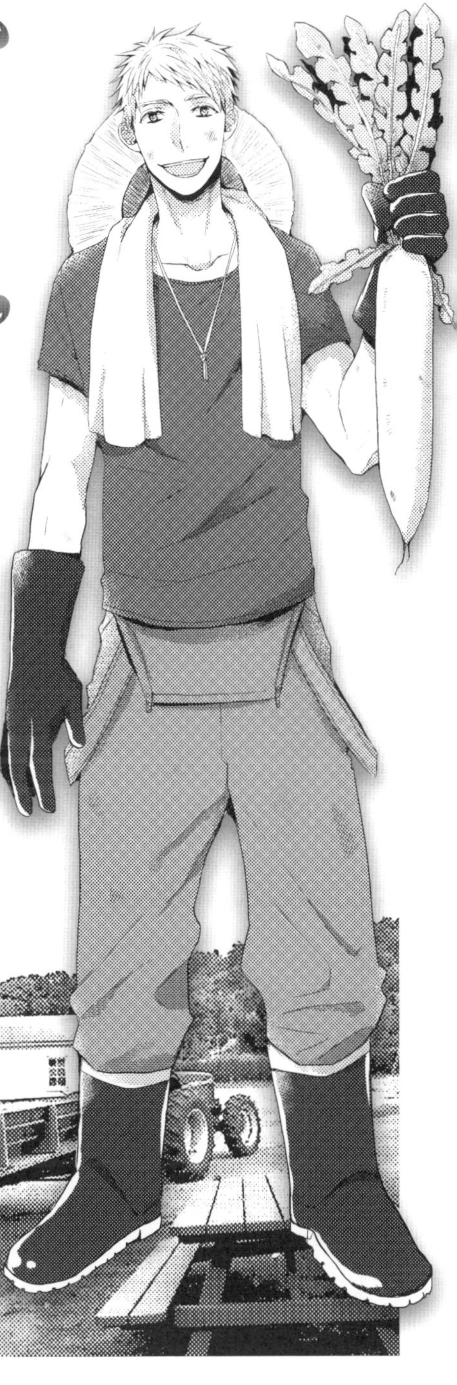

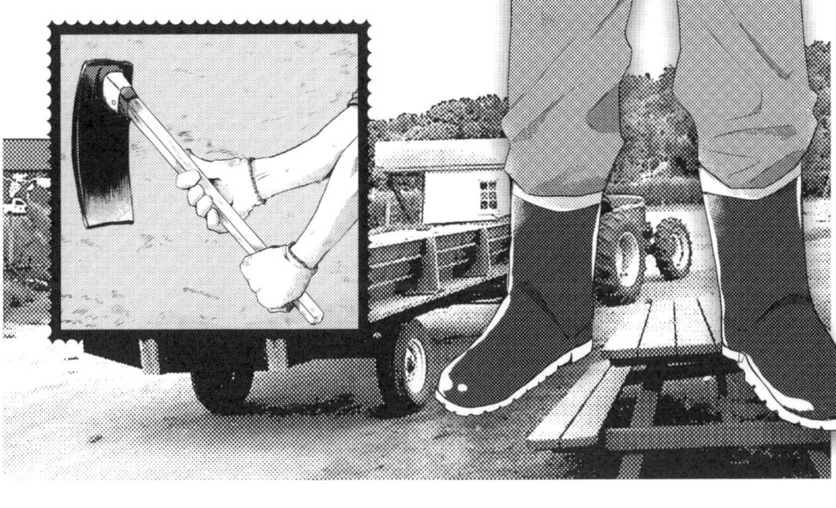

汽車組裝工程師

Automotive engineer

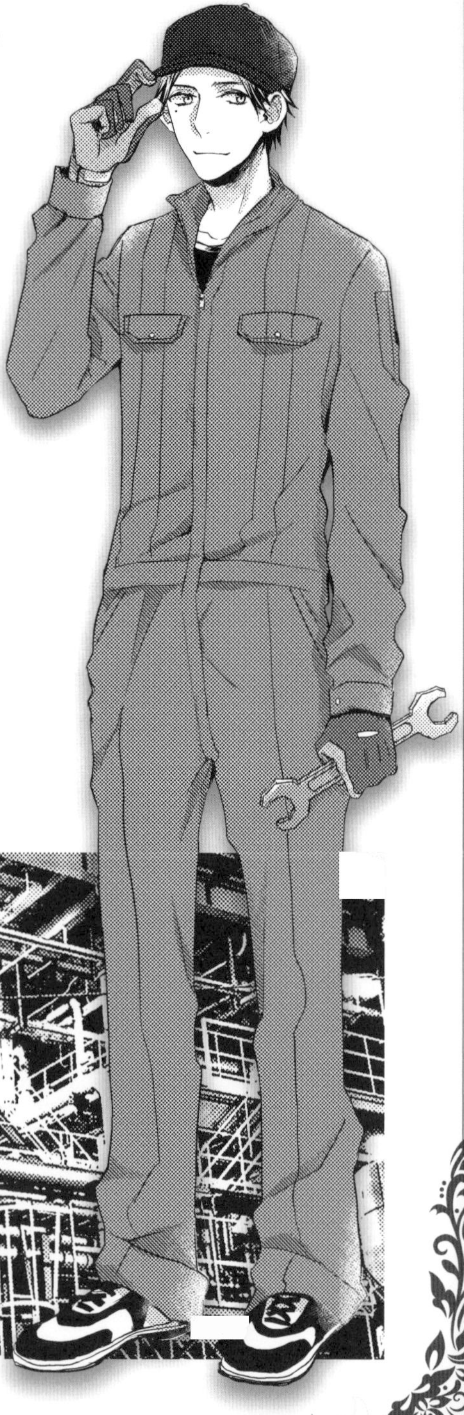

支持製造業的組裝工程師
保護他們雙手的老伙伴

擅長精密作業的他們，戴的是耐久性超強的皮革，或是合成皮製的工業用手套。由於這是高機能的手套，所以價格非常昂貴。還沒上手的時候，手套一下子就會劣化了，越是熟練的組裝工程師，作業的效率越好，所以手套也可以維持比較久。有些人則是多年來都細心愛護同一雙手套。

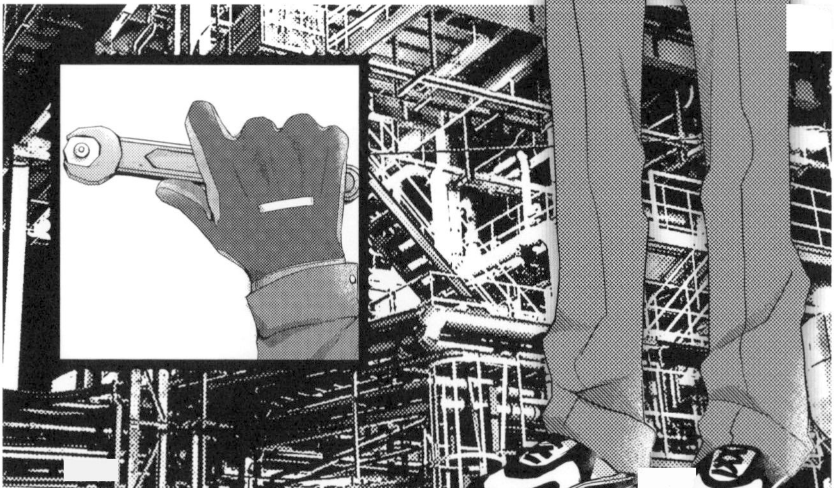

電力工程師

Electrical engineer

保護觸電、漏電的傷害是電力工程師的護身符

電力工程師的手套，是絕緣性非常好的橡皮手套。處理６００Ｖ以下電路的高壓線路作業時，用的是低壓用的橡皮手套。進行電力工程時，則要戴上因應３５００Ｖ～６０００Ｖ的高壓橡皮手套。只要有小洞或是破裂就可能會導致生命危險，要非常仔細的檢查。

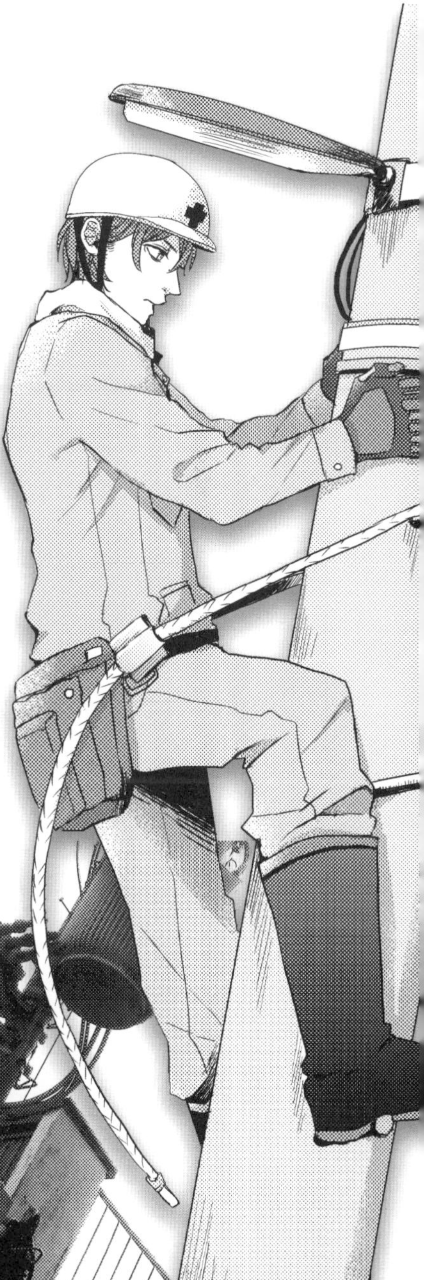

鑑定師

Connoisseur

判斷價值的眼光
可靠的好伙伴

鑑定師的白手套要避免貴重金屬或寶石等等產品受損，用的是觸感溫和，不容易沾染毛屑的材質。損傷和污垢可能會嚴重影響商品的價值，就連手套都要慎重的處理。鑑定師好像都在寶石批發商的店面購買手套。

解說員

Curator

被允許觸摸歷史的手 純白色的手

解說員的工作是在美術館或博物館等地，對於來訪的客人進行解說，他們愛用的是手腕用鈎子固定的尼龍製白色工作手套。這種手套又被人們稱為「白手」，在處理漆器或蒔繪時一定要佩戴。為了預防手套的纖維沾到展示品上，選用比較光滑的款式。

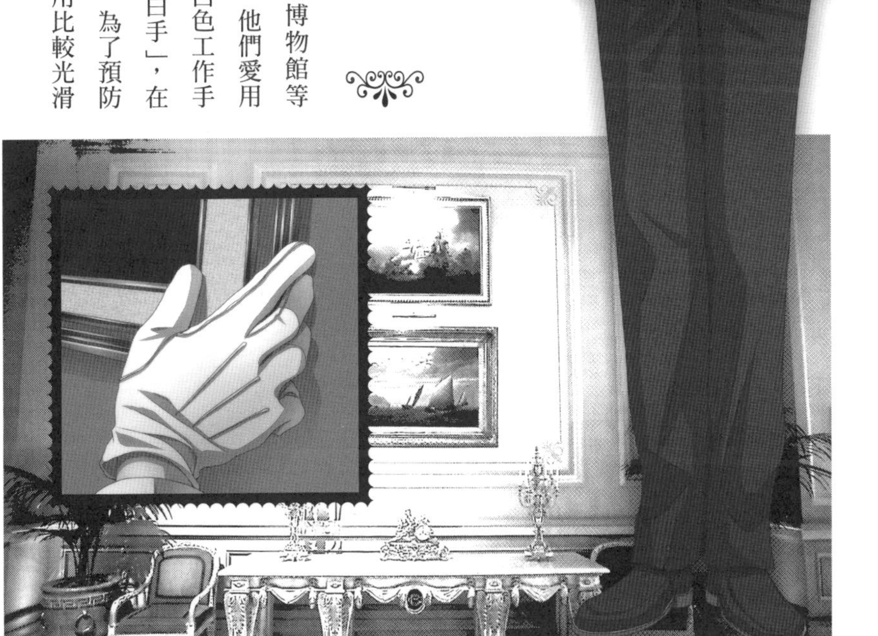

搖滾歌手

Rock musician

充滿流行性 帶動潮流的手套

搖滾歌手總會給人一種「黑色皮革」的印象，他們經常佩戴黑色的皮手套，為了順利的演奏樂器，用的是露指的款式。順帶一提的是，某位知名搖滾歌手每天都會將愛用的手套仔細摺好之後才收起來。

殺手

Hitman

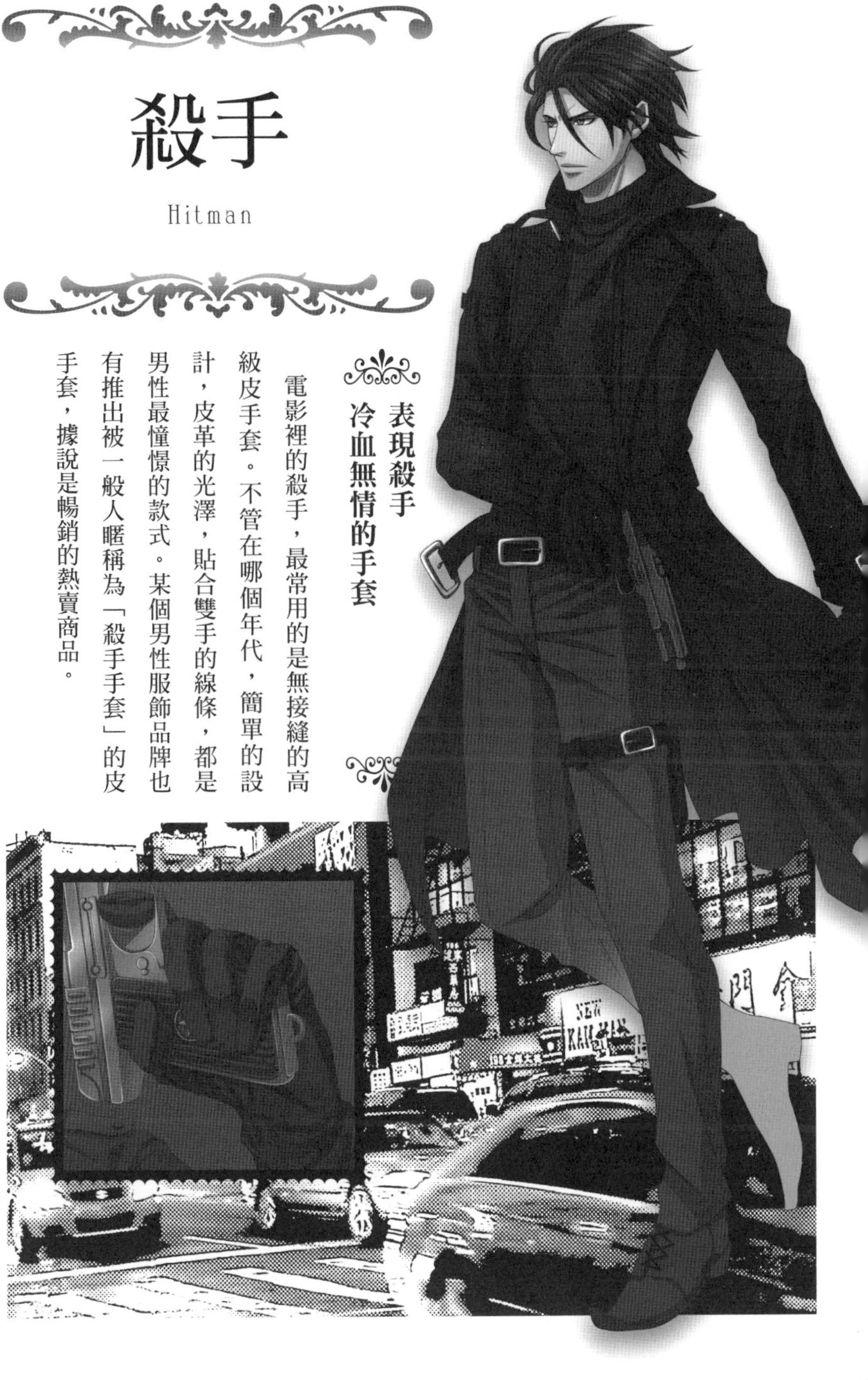

表現殺手冷血無情的手套

電影裡的殺手，最常用的是無接縫的高級皮手套。不管在哪個年代，簡單的設計，皮革的光澤，貼合雙手的線條，都是男性最憧憬的款式。某個男性服飾品牌也有推出被一般人暱稱為「殺手手套」的皮手套，據說是暢銷的熱賣商品。

Column 2

慶祝手套節

日本竟然有「手套節」。日本手套工業協會於1981年制訂每年11月23日為手套節。接下來就是手套要上場的季節了，加上這天也是一個節日----日本的勤勞感謝日，於是訂這一天當做記念日。在以生產手套聞名的香川縣東香川市，2008年還舉辦了手套誕生120年的紀念活動。雖然不可能每年都舉辦盛大的活動，不過在這一天，運動用品店或汽車用品店會進行手套的促銷。「雖然秋天有一點涼意，不過不曉得應該從哪一天開始戴手套……」如果你還不知道該怎麼辦，那就訂每年11月23日為「開始戴手套的日子」吧！此外，這個日子也很適合送親手編織的手套給心儀的男性。順帶一提的是還有另一個「手套節」，這是取日文手套的諧音，10（手）、29（套）的唸法，設定在10月29日。這個日子的概念源於「更關心作業用手套」，是由手套生產商制訂的記念日。

分門別類的
男子手套蒐藏

「我想送手套給喜歡的男友，不知道哪一種適合他呢……」

如果不知道該選什麼材質、顏色的話，就看這裡吧！

從不同男子的個性與類型，選出適合他們的手套吧！

本大爺系男×黑色皮質

還有比本大爺更適合黑色皮手套的人嗎？

手套重點

適合黑色皮手套的，是全身都穿黑色系，本大爺色彩濃厚的男性。立志成為菁英，充滿野心的他，最適合酷酷的伙伴。

喜歡捉弄別人的本大爺黑皮

1
嗨露指！
黑皮先生……有什麼事嗎？
2
你還是一樣不好相處呢～
沒事的話我要走了
3
難道你喜歡本大爺的手套嗎？
啥?!
4
你就好好努力，想辦法接近本大爺吧，加油～
少囉嗦！

溫柔大哥哥×手工編織

謝謝妳為我織了這麼合手的尺寸

手套重點

大哥哥型的他人見人愛，要用充滿心意的手工手套一決勝負。如果不仔細編織的話，說不定他還不肯收呢……。

不可思議的手工編織

1
今天是有點輕飄飄的感覺耶！
是嗎？
2
キリッ
今天有點酷耶！
是啊！
3
我喜歡手套！
今天好像有點熱血呢！
4
手工編織的個性會隨著手套的材質改變耶！
這樣反而很容易懂呢！

活力體能系×登山手套

手套重點

全力以赴，體育型的他，請選擇適合運動的登山手套。送禮的時候，請大大方方的交給他吧！

真摯的心情

不可思議系×袖套

嗯，謝謝
好溫暖哦

手套重點

難以捉摸的他，最適合的就是袖套。他應該可以把袖套加入休閒的穿搭吧！？

唯一的空手感覺
1
嗨～
握〃
……？
2
好久不見
……哦
3
你好～
你、幹嘛……
4
今天要跟誰握手呢？
重視觸感
喜歡牽手的男人

可愛系×連指手套

手套裡面軟綿綿的耶！

手套重點

娃娃臉，粉紅系男孩的他，忍不住想送他連指手套呢。妳也可以戴上成套的連指手套，陪他一起玩吧！

淘氣的連指手套

1
為什麼大家都要把我當成小孩呢……
2
我也好想變成熟哦…可是
以黑皮為目標好像又太超齡了…
3
對了，我學麂皮加上毛皮好了！
4
就是這樣
我在連指手套的手腕加了毛皮哦！

寡言冷酷系×牛皮

這雙手套的顏色很好看，謝啦！

手套重點

有點強勢的他，就送充滿成熟氣息的牛皮手套吧！建議選澤深褐色，用得越久越有味道，還有古典氣息。

太愛牛了……

紅茶奶酒
我要啤酒
咖啡奶酒
給我雙份威士忌
萊姆奶酒
我要兌水兌冰塊的酒
蜜桃牛奶酒
你啊…不要因為喜歡牛皮，明明是個男人還一直喝加牛奶的酒…

認真上班族×尼龍

謝啦，通勤的時候冷得受不了呢！

手套重點

忙碌的他，最適合可以隨意使用的尼龍材質，不用虛張聲勢的手套。唰唰唰的觸感，騎自行車上班的時候非常方便！！

深愛著認真的他……

明明沒做什麼事這個星期也好累哦~
我真是個無聊的傢伙啊！
只是個普通的大叔，沒什麼魅力可言…
我回來了
尼龍先生，你好認真哦！
很普通就是了。
斬釘截鐵

中性男子系×北歐風格

我喜歡北歐圖案哦！很可愛嘛！

手套重點

跟女孩一樣可愛的他，就用天然的北歐圖案毛線手套大膽進攻吧！中性化的手套，跟各種服裝都很搭！

北歐的夏天

1
好熱……好熱哦！
2
最喜歡的手套夏天只能純欣賞了……
●●●●
3
要是在夏天戴這種手套的話，別人一定會一直盯著我看…
4
？
你最好了，夏天也可以戴手套…

樂團音樂人×露指手套

我很喜歡表演以外的時候我也會戴著

手套重點

樂團歌手，或是喜歡龐克服裝的他，不用考慮了，就送露指手套吧！「你戴這種手套最帥了！」送禮的時候記得這麼說♪

容易被誤解的搖滾魂

喂！你掉了這個
才沒有……
露指偷了我的熊！
我才沒弄壞！
而且還把它弄壞！
他其實很溫柔哦！真的哦……？

混血系×麂皮手套

正式一點的派對也可以用呢！

手套重點

混血的他，就送一般男性很難駕馭的窄版麂皮手套吧！他應該可以戴得優雅又流行。

我比玫瑰還要美

1
啊，這不是麂皮嗎？
2
尼龍先生好久不見～
你這樣好嗎？女生們……
咦—
3
不過你的手真的很漂亮耶！
謝謝♪你看，新的手套。
4
呼呼呼
我的手可是比女生還美呢！

Column 3

特殊手套

世界上有各式各樣的手套。有種手套可以在瞬間剝掉馬鈴薯的皮。只要戴上這種手套，浸在水裡剝馬鈴薯，就可以把皮都剝光。這種手套的形狀是這樣的，手心部分有無數個跟磨泥器一樣的小顆粒，在水中搓揉馬鈴薯即可削掉它的皮。除了馬鈴薯之外，也可以把地瓜、山藥削得很乾淨。美國戶外用品公司也開發出一種手套，是世界上第一款鼻水專用的手指手套。這是針對在下大雪的雪山玩滑雪板的玩家設計的珍品。使用方法很簡單，只要套在滑雪手套上，用來擦鼻水就行了。材質是防水的搖粒絨。聽說滑雪板玩家、登山家、自行車手都很喜歡這項產品。此外，還有一種手套可以加深大家的妄想，在牽手狀態下還能戴的手套。一組三隻，其中兩個是很普通的連指手套。剩下那隻則是兩個連指手套的手指部分連在一起的形狀，放在裡面還是可以牽手。

與手套的一天

○月×日（星期△），寒冷的一天。

關於三個男子的手套日常小事。

手套不只可以溫暖雙手，

還可以溫暖人的心靈。

三男的情況

time 07:30 temperature 3℃ place 家門口

要去上學了，我走到門外。
今天早上呼的氣一樣是白的。
全身上下都冷透了。
天氣這麼冷，
比我還早出門的哥哥們應該不會感冒吧？
我突然想到這件事。

time 09:30 temperature 7℃ place 學校花壇

整理學校的花壇是我的工作。
雖然天氣很冷，根本不想出去，
可是我最喜歡這段時間了。
可以摸摸花朵，挖挖土。
光是這麼做，我就覺得好平靜。
雖然身體很冷，不過心好溫暖。

time 14:00 temperature 7℃ place 教室

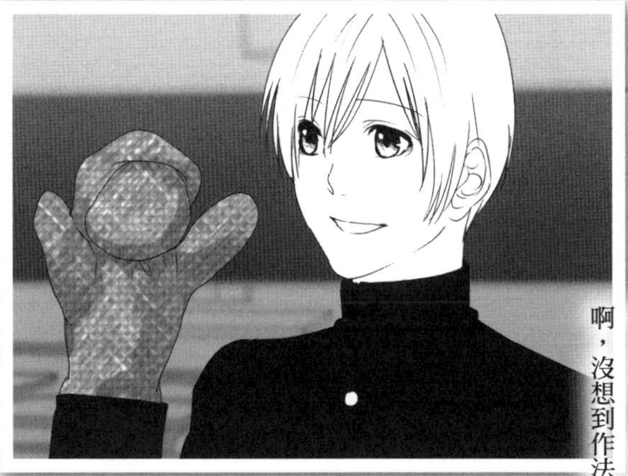

也許是因為下午的課程再過不久就要結束了，
這份安心感讓我覺得有點睏。
眼皮快要閉上的時候，
我覺得有一團柔軟的布球打在我身上……。
這個，是手套嗎？
好好玩哦，教我做嘛！
啊，沒想到作法這麼簡單耶！

回家的路上。
跟朋友道別後一個人回家。
明明還很早，
天色卻漸漸黑了起來。
吹來的風也讓人感到有點寂寞。
為了不讓整隻手凍僵，指尖很自然的使力。

time 17:30 temperature 5℃ place 校門口

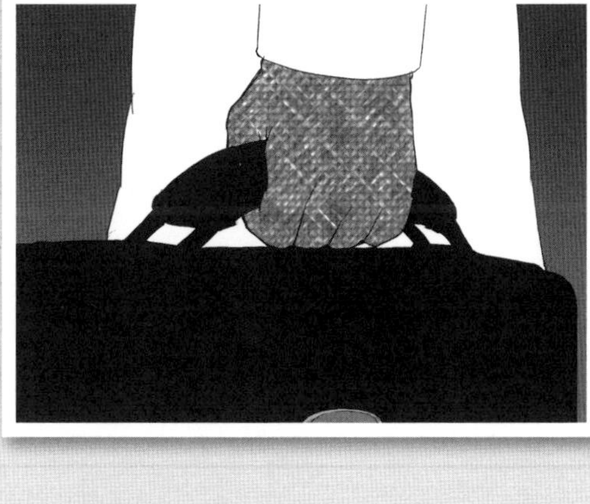

次男的情況

time 07:30 temperature 3℃ place 車站裡的吸煙處

在早上趕上班的人潮中，我進入吸煙處喘口氣。
隔著玻璃與煙霧，
茫然眺望著忙碌人群交會的模樣，抽一根煙。
「大家好厲害，一大早就像兵蟻一樣忙著工作」
雖然在心底抱怨，
離開這裡之後，我也即將成為他們的一員。

time 07:30 temperature 3℃ place 車站裡的吸煙處

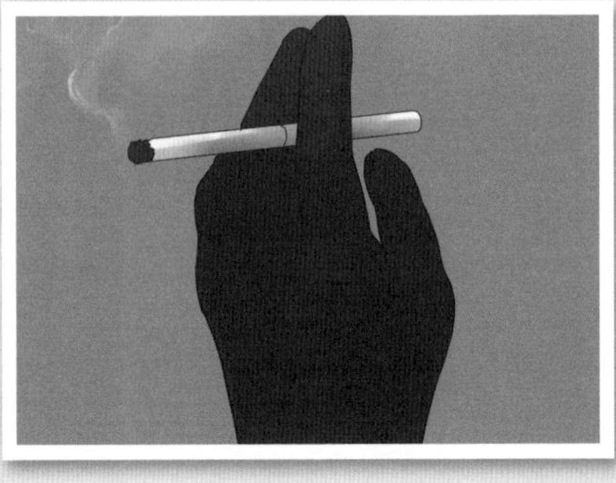

我突然看著左手。
煙從手上的香煙冉冉往上飄。
慢慢的搖曳，不久消失在空中。
如果我是煙的話，
活著就沒有任何束縛了吧？
……無聊。抽完這根馬上就去公司吧！

time 14:30 temperature 16℃ place 公司辦公室

接下來要跑外務。
天氣預報說下午也會很冷。
我戴上手套，做好準備，心情卻很沈重。
假笑、恭維、阿諛奉承。
我很清楚這些都不符合我的個性。
我不喜歡跑業務。

覺得跑外務已經讓我沒那麼憂鬱的時候，
天色已經全黑了。
打電話回公司，向主管報告我今天要直接回家。
掛斷電話之後，我很自然的吐了一口氣。
說不定我很喜歡
從工作中解放的這個瞬間。

time 17:00 temperature 5℃ place 公司前面

長男的情況

time 07:30 temperature 7℃ place 辦公商圈

不管是早上還是什麼時候，我都覺得大樓之間的風很冷。
在小巷子中前進的時候，腳踏板好沈重。
如果是夏天的話，
我可能還會覺得這陣強風「很涼爽」。
……現在可不是向大樓之間的風屈服的時刻。
再不快點就要遲到了。

time 08:00 temperature 7℃ place 客戶的公司

不管別人怎麼說，我還是好喜歡這份工作。
接到越來越多的工作之後，我也覺得很自豪。
不過自己的責任也增加了，
我開始感到一股沈重的壓力。
它比貨物還沈重。
可不是能輕易抬起來的東西。

time 08:30 temperature 7℃ place 客戶的公司

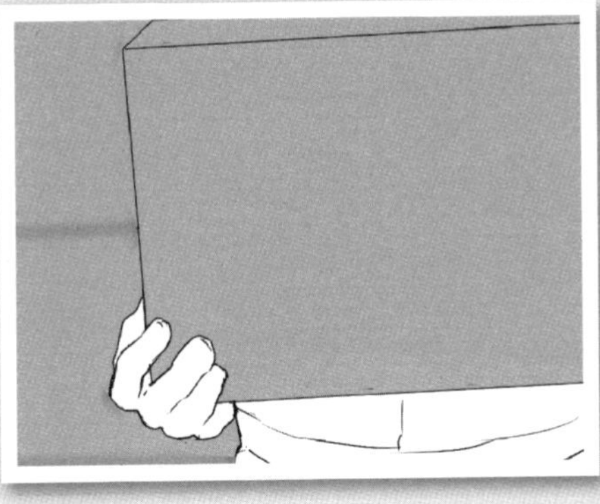

送貨的時候，
我根本無暇去想其他事情。
天氣很冷？
比起那件事，這件貨更重要。
我要把客戶託運的貨送到別人手上，
這是維繫人與人的重要工作。
貨物的重量，以及責任的沈重。
跟這些比起來，外面的氣溫根本不算什麼。

工作中一定會遇到不如意的事。
真不甘心。
實在是太不甘心了，我咬緊牙根忍耐著。
不過現在可不能反駁。
現在要忍耐。心裡這麼想，我一直盯著主管。
明知不該，但我還是用戴著工作手套的手擦拭臉上的汗水。

time 14:00 temperature 7℃ place 客戶的公司

三兄弟的情況

time 17:45 temperature 5℃ place 河堤

走在河堤上，後面有人出聲叫我。
「是哥哥！」
回頭一看，是騎著自行車的哥哥。
看他揮手的模樣，一點也感覺不到工作的疲勞。
哥哥真的好厲害哦！我在心底這麼想。

time 17:45 temperature 5℃ place 河堤

我的自行車追上弟弟的腳步。
「好冷哦！」
不會，還好哦。
如此回答的弟弟，臉上可能是因為凍傷的關係，有一點紅。
他說的謊馬上就拆穿了。
在我面前不用逞強啊！

time 17:45 temperature 5℃ place 河堤

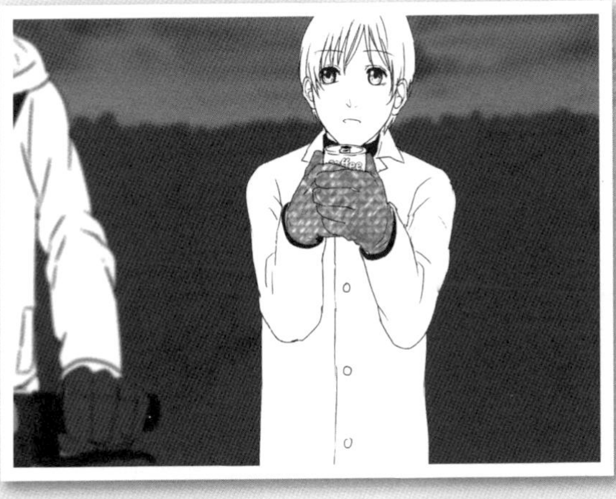

在附近的自動販賣機買了罐裝咖啡，交給弟弟。
希望在到家之前，可以稍微溫暖他的手。
「好暖和哦……」
哥哥沒買你自己的份嗎？當他問我的時候，
我回答我不渴所以不想喝。
我猶豫了一下，還是決定不看錢包裡有多少錢。

time 17:45 temperature 5℃ place 河堤

緊握住罐裝咖啡，
隔著布料都能感受到那股暖意。
身體慢慢暖和了起來。
哥哥應該是知道我很冷吧？
自己怎麼不順便買一罐呢？
天氣這麼冷，他都不為所動，哥哥真的好堅強哦！

time 17:45 temperature 5℃ place 河堤

喝完咖啡之後，身體已經暖呼呼了。
當我覺得很舒服的時候，有個東西摸了我的頭。
「哦，好巧哦！」
這個聲音，是二哥的聲音。
「幹嘛啊，別丟下我一個人啊」
才不是這樣呢，我們只是回家時巧遇罷了。

time 17:45 temperature 5℃ place 河堤

我們兄弟三個人一起沿著河邊走。
弟弟好像很冷，所以請哥哥買了咖啡。
接下來聊天的內容是今天上學時發生的事。
弟弟問了工作的事情，不過我隨便打發掉了。哥哥也是。
在這種日子，就別抱怨了吧！
太陽西沈的黑暗路上，響起我們兄弟的笑聲。

送貨員、業務員、高中生──。
在外面沒有交集的我們，
在回家的路上
偶爾會巧遇。
三個人一起走的這條路、這個時間，
都是我的最愛。
雖然天氣還是很冷，
只要有這份溫暖就好──。

Column 4

手套的大小

選擇手套時，最重要的就是尺寸了。也許大家會認為手套不就是分成S、M、L嗎？其實日本手套工業協會可是有詳細的尺寸規定。第一，手套尺寸的設定用的是「從左手小指根部到手腕的那條線，這條線由手腕起三分之一處與生命線起點連接的那一圈的周長」。測量這裡後得到的尺寸為「手圍」。以男性來說，不到20公分是SS，22公分以下是S，24公分以下是M，26公分以下是L，27公分以上是LL，這是尺寸標示的標準。作業用手套、工作手套在貼合手部的情況下，才能提昇工作效率，所以要選合手的尺寸，如果是時尚配件的手套，與其選擇合手的手套，稍微大一點會比較好看。相反的，皮製品會在使用的過程中變鬆，所以最好買小一點的。順帶一提，親手織毛線手套的時候，如果不知道對方的手多大，可以找身高差不多的人幫忙，測量他的手圍。如果找不到的話，可以稍微織得大一點，不然就乾脆製作限制比較少的連指手套吧！

運動手套圖鑑

運動的時候，為了保護雙手，
確保安全性，
提昇個人技巧，手套都是一個重要的角色。
從最基本的運動到比較罕見的運動，一舉大公開。

弓道

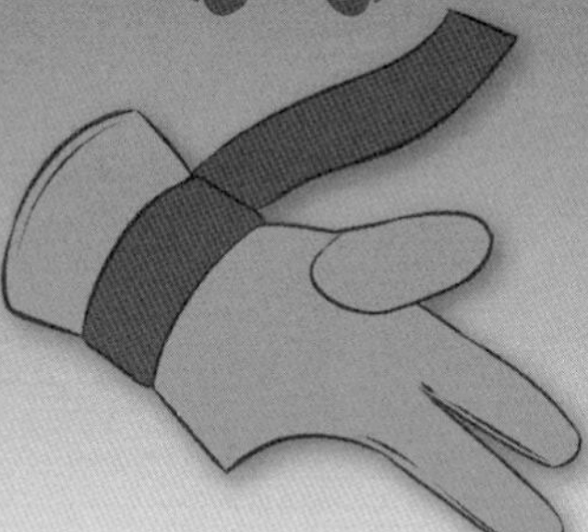

三隻手指的特殊形狀

拉弓時戴的手套，是稱為「弓懸」的皮製手套。據說這是日本手套的起源。三指手套只會套住大拇指、食指、中指。四指手套則會包覆大拇指到無名指。原則上皮革用的是重視柔軟性、耐久性、觸感的鹿皮。

Column

製作弓懸的專門工匠稱為「懸師」。此外，與弓道相近的射箭也有三指的「指套（Finger Tab）」也是皮製的護具。通常射箭時雙手都會佩戴手套。

高爾夫

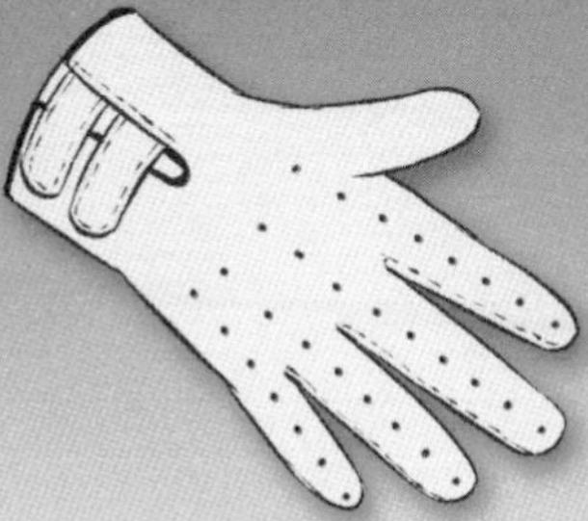

**提昇
控制能力**

一般來說，打高爾夫球的時候會戴上專用的手套。是柔軟的皮革製品，作用是防止球桿滑落，減輕雙手的負擔。右打者只會戴左手，不過以保護的觀點來說，女性或初學者通常雙手都會戴。

Column

又分為天然皮革製與合成皮製。天然皮革比較合手，握起來也比較舒服，不過耐久性比較差。合成皮則是便宜又耐用，沒有伸縮性，所以要買剛剛好的尺寸。

馬術

握韁繩的
美麗雙手

馬術用的手套可以穩穩的握住韁繩，避免摩擦造成手部的傷害。專用手套的手心是皮革，手背是網布，兼具透氣性與防止韁繩滑動的構造，使用時非常方便。流行性強也是它的特徵。

Column

尺寸是男女兼用，不過通常是以歐美人士為基準，所以無名指和大拇指會比較長。此外，馬術手套很容易破，請把它當成消耗品吧！初學者通常用工作手套代替。

滑冰

妝點
華麗的舞台

為了保護雙手免受滑冰鞋上的冰刀所傷，練習時通常會戴手套。最常用的是市面上也買得到的，比較貼合雙手的款式。滑倒時，為了避免手被冰刺傷，選擇容易吸水的柔軟材質，輕巧又貼手的材質更適合用於滑冰。

Column

正式上場的時候，為了搭配服裝，有時候會戴，有時候不會戴，不過以舞台裝來說，並不會選擇一看就知道是「手套」的款式，據說他們比較喜歡用裝飾著水鑽的膚色網紗布手套。

棒球（守備）

**隨守備位置
細分化**

野球、軟球守備時使用的手套，形狀會隨著守備位置有所不同。除了大小之外，顏色也有詳細的規定，不可以使用白色系的皮革。大部分是合成皮或人工皮革製品。捕手、一壘手用的手套也稱為mitt。

Column

捕手手套是針對接捕投手投球而設計的形狀，可以防止手指撞傷。一壘手手套則是為了讓他比其他內野手更正確又快速的接捕，所以尺寸比其他守備位置的手套大了不少。

棒球（攻擊）

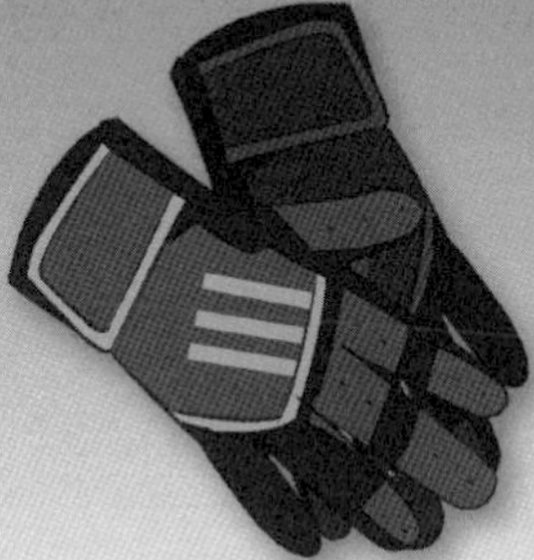

支持打者的幕後功臣

棒球、軟球打者使用的，防滑的打擊手套。打擊時用來防止受傷與禦寒。右打者會戴左手，左打者會戴右手，最近有許多選手是雙手都戴。顏色方面沒有什麼特別的規定。

Column

空手打擊的話，揮棒時無法完全承受球的衝擊，所以力量會分散。打擊手套可以有效防止這種情況。雖然戴單手就夠了，不過據說雙手都戴的話，效果會更好。

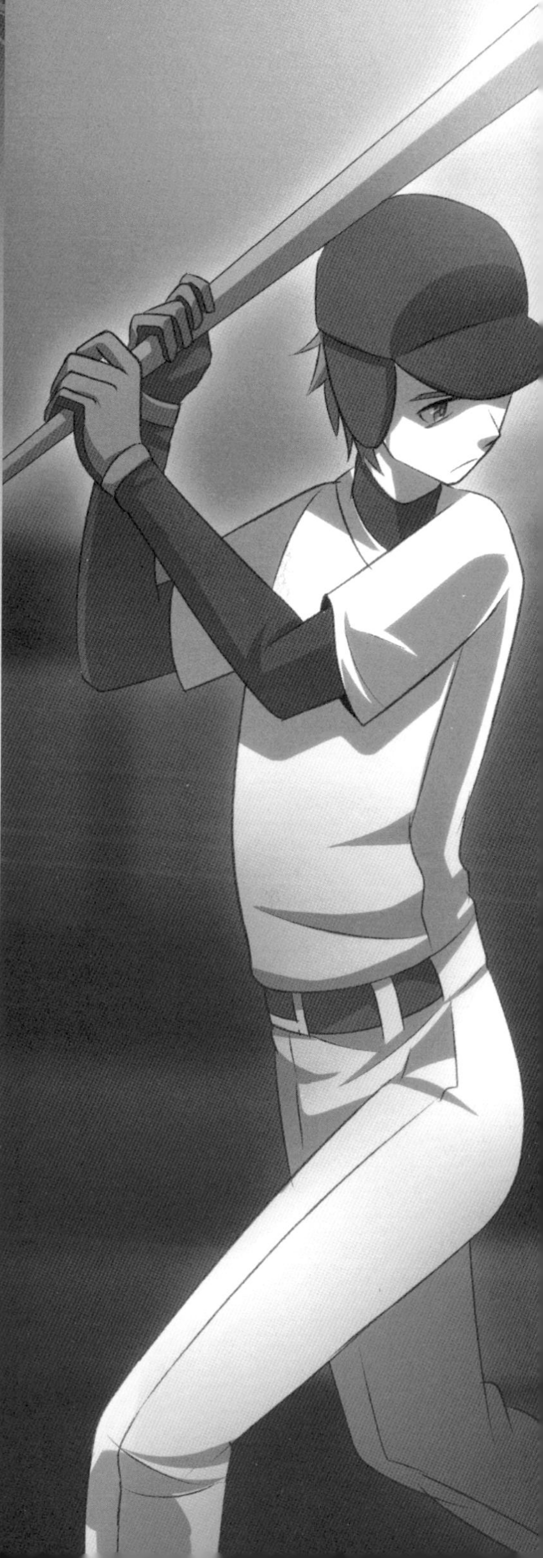

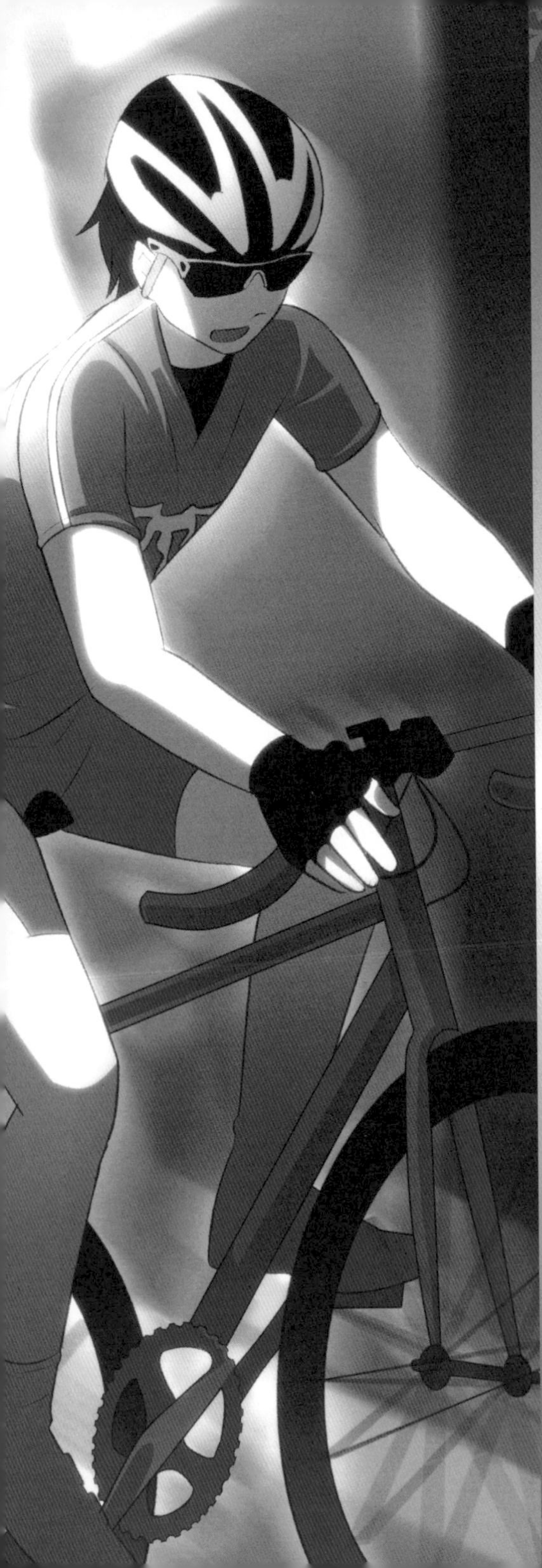

公路車賽

不管是競賽中還是街上都可以保護雙手

公路賽車規定選手一定要戴可以包覆手腕的手套，目的是防滑、緩和衝擊、防止意外時的傷害。平常上街的時候，冬季可以防寒，夏季可以擋住把手的熱度，還是戴上比較好。

Column

自行車有各種不同的手套，有手套型的短款，也有包到手腕的長款，還有越野車專用的尼龍薄手套。也有重視操控性的露指手套。

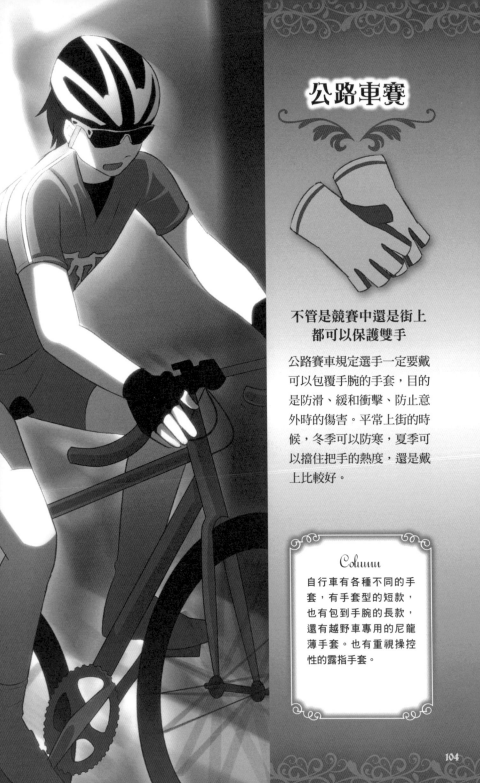

足球

手上的
尖端科技

足球的守門員會使用守門員手套。手心部分是橡膠，非常柔軟，容易彎曲，不過耐久性低，雖然硬的比耐用，不過操控性則會減低。重點在於針對自己的喜好，以及因應比賽過程，選擇最適合的手套。

Column

比起剛剛好的手套，據說稍微大一點的手套，接球時比較穩定。此外，守門員的手套研發特別快，據說最好每年都買新品來替換。

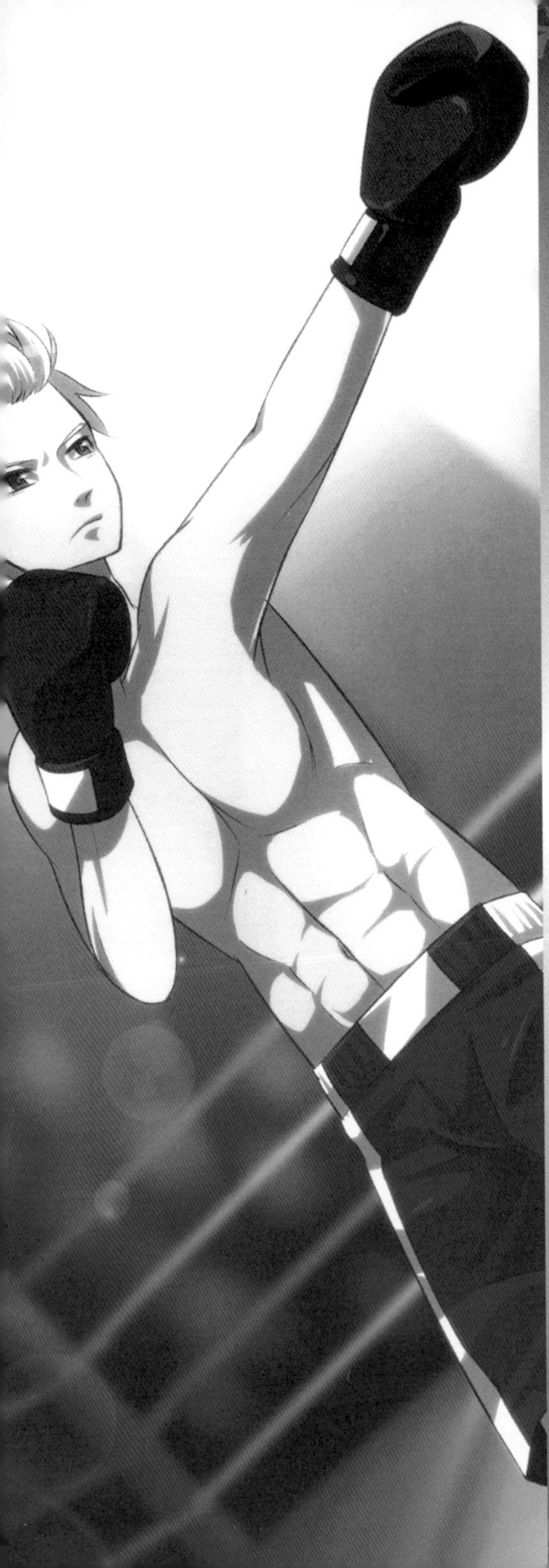

拳擊

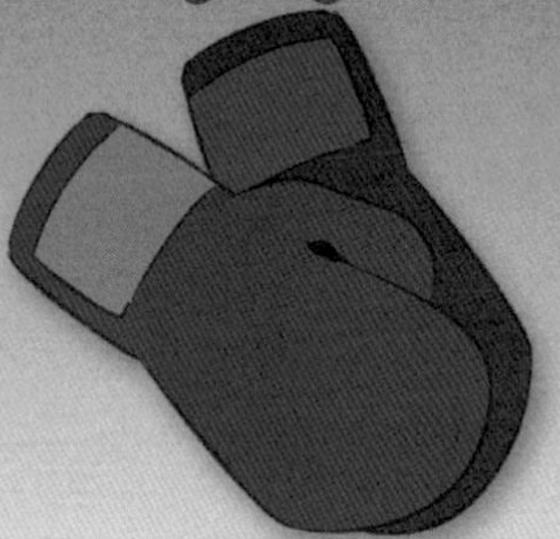

戴在繃帶上
保護雙手

這是用來保護拳頭的手套，也可以用於拳擊以外的打擊類格鬥技（如踢拳）。以動物皮革包裹吸收衝擊的材質製成，最近流行的是在大拇指加上防閉眼裝置的款式。用繩子牢牢的綁在手腕上。

Column

練習時會使用沒有大拇指的拳擊手套。用沙包、手套練習時，不會用正式的拳擊手套，而是用比較薄一點，容易掌握觸感的打擊手套。

滑雪・滑雪板

兼用也OK
但職業選手都分開使用

通常大家都兼用滑雪、滑雪板的手套，不過滑雪用手套比較不容易疲勞，操控性強，用起來比較放心，滑雪板用則是防水性強、堅固而且流行性比較高。如果只是偶爾玩玩滑雪，選用滑雪板手套即可。

Column

滑雪．滑雪板也也有一般手套款跟連指手套款。一般手套款就是最基本的，操控性高的萬能型。相對的，連指手套款比較不適合精密的動作，但是保暖性比較好。

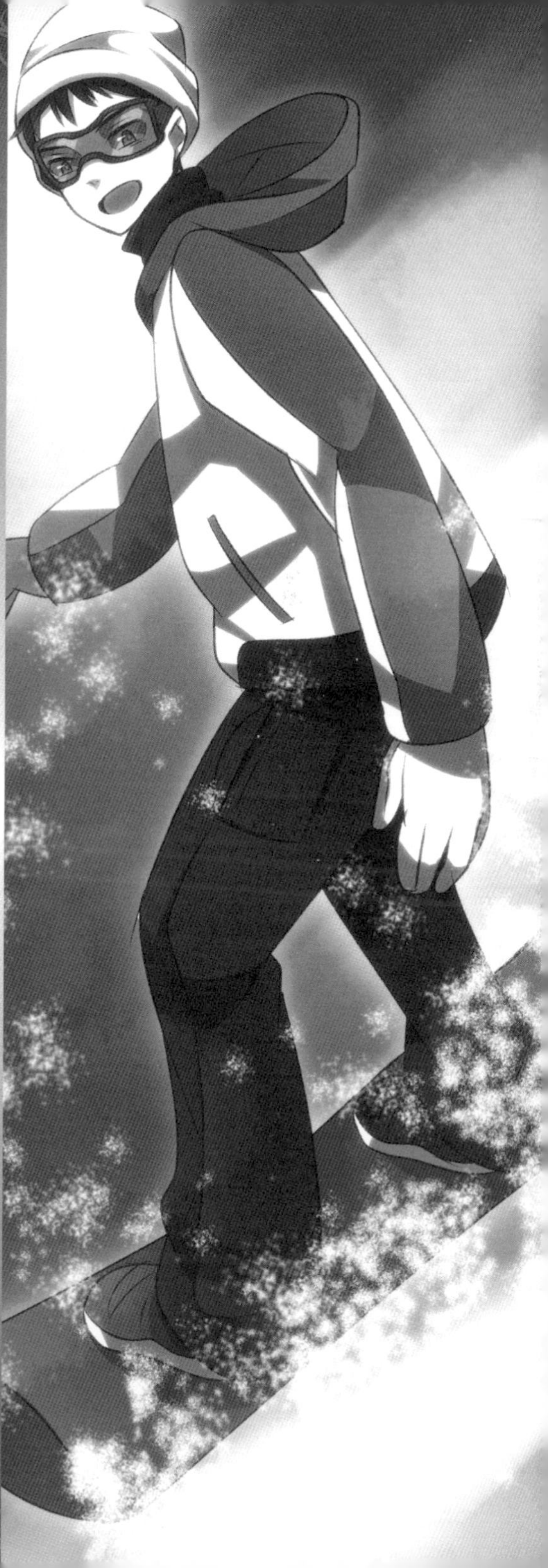

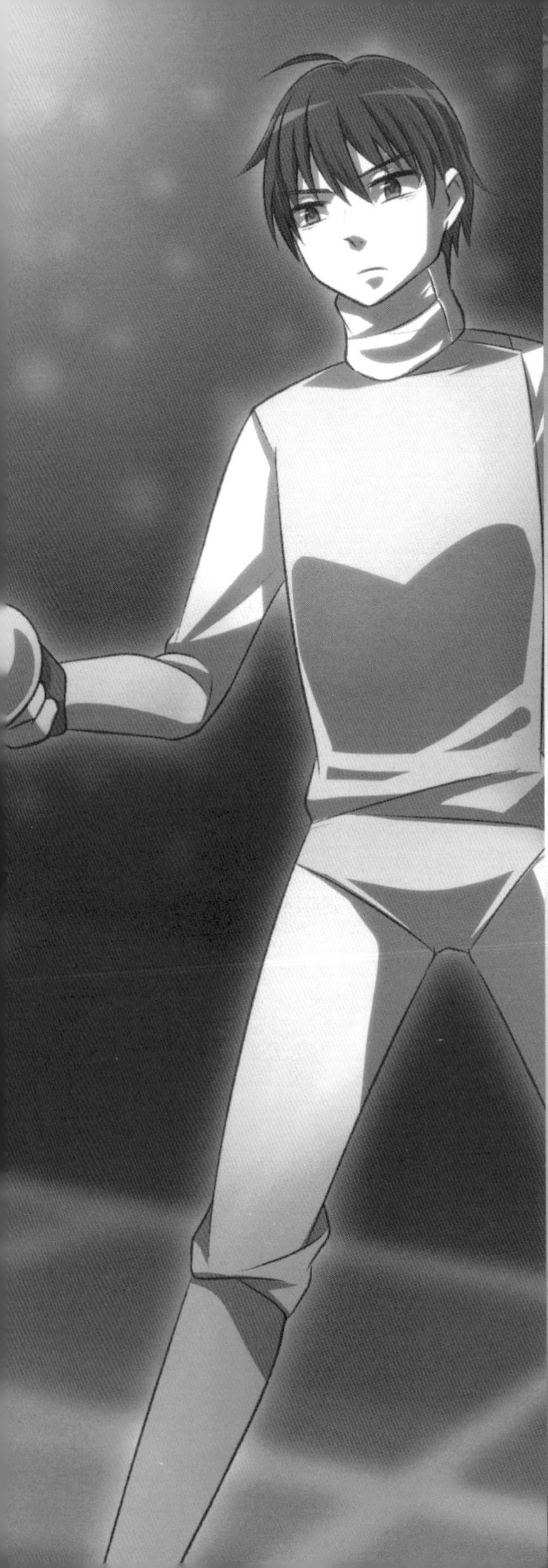

擊劍

包裹西洋劍的純白長手套

為了搭配白色制服，用的是白色手套，比賽的時候只有持西洋劍的手需要佩戴。手套可以防止摩擦，具有保護手部的效果。有一個從手腕一直到手臂一半處的軟墊，邊緣不需反折，戴的時候比較貼合手部。

Column

通常手套主要是國外製造的商品，幾年前香川縣也開始生產，由工匠製作的日本產手套相當受歡迎。右撇子參賽者比較多，為了在對戰中更有利，也有一些左撇子開始矯正慣用手。

劍道

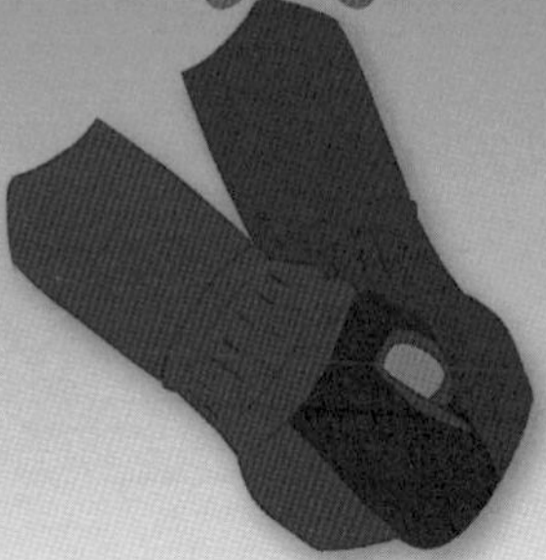

反覆攻擊、防守

劍道的手套稱為「甲手（又稱為籠手、小手）」。是可以保護雙手與前腕部分，方便架開竹劍的設計。使用時，請選擇完全貼合雙手，不要太大的款式。左手小指是最需要使力握緊的地方，這個部分有開洞。

Column

甲手是最容易耗損的防具，所以很多人都把它當成消耗品。如果看到適合自己又喜歡的甲手，不妨一次購買兩副，交替使用，才能維持的更久。

攀岩

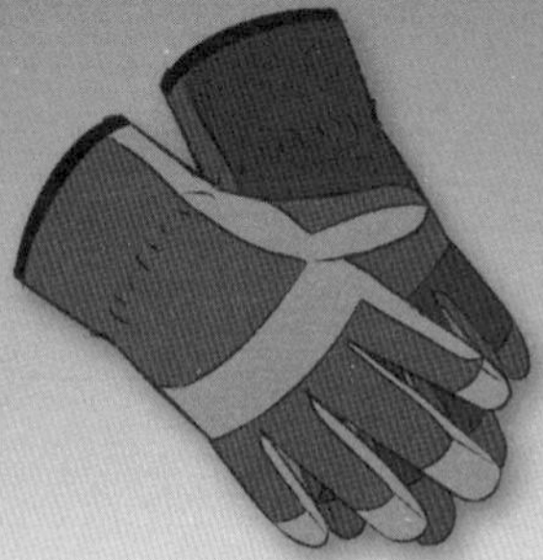

要握住
繩索和生命

攀岩的時候，通常是兩個人一組以先鋒攀登等方式，通常都會使用手套。這是為了穩穩的握住耐摩擦熱的繩索，避免手被岩石割傷。吸水性與保溫性強的手套是必備物品。

Column

進入冬季的雪山時，跟鞋子一樣，手也要帶上一種防滑的「冰爪手套」。這是一種附了4～12支鉤爪的手套，要經過一陣子的練習才能上手。

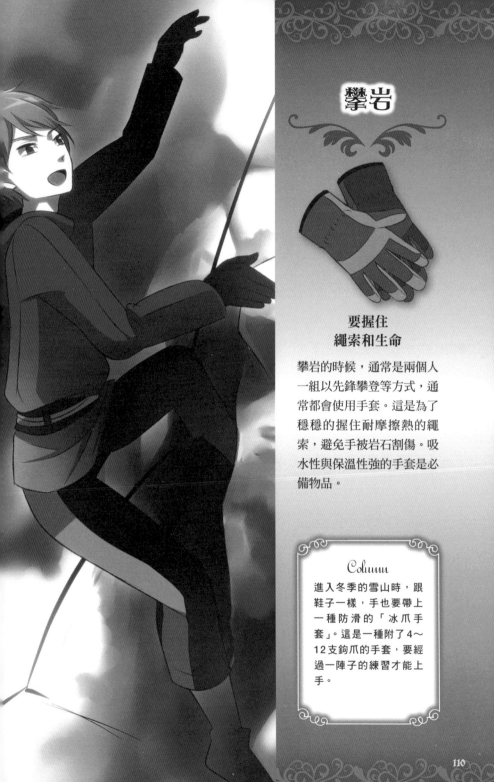

保齡球

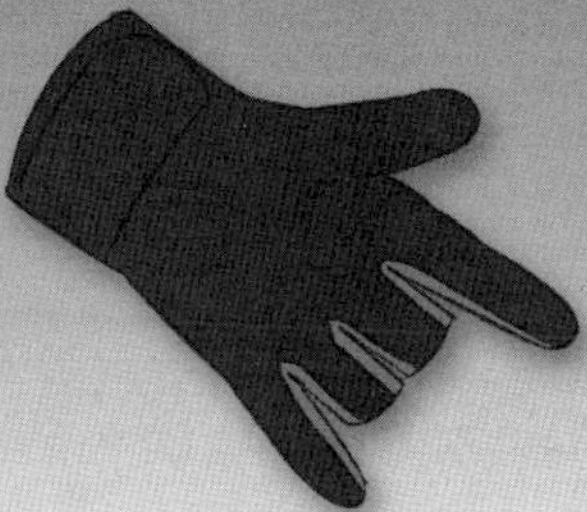

讓慣用手的威力倍增

除了手套之外，保齡球還有只固定手腕的護套，以及固定手腕到手指的護腕，只有丟球的慣用手需要佩戴。由於手套的目的是矯正姿勢，也有非職業選手的人在使用。

Column

手套不會包覆需要伸進球孔裡的大拇指、中指、無名指。護套有一個金屬片，不會讓手腕部分往外彎曲，不會包覆手心。護腕是金屬製的，需要搭配護具使用。

橄欖球

更佳的
握感

雖然有不少選手都是空手比賽，不過橄欖球也像美式足球與其他的競賽，有越來越多使用手套的選手了。手套具有防止受傷、擦汗的效果。比賽規定不可以使用包覆指尖的手套，所以用的是露指手套。

Column

這類手套通常是手心部分為皮革或橡膠製，大拇指部分為用來擦汗的平織布料。身障者的輪椅橄欖球，手套則會使用手心為橡膠，包覆整個指尖的款式。

登山

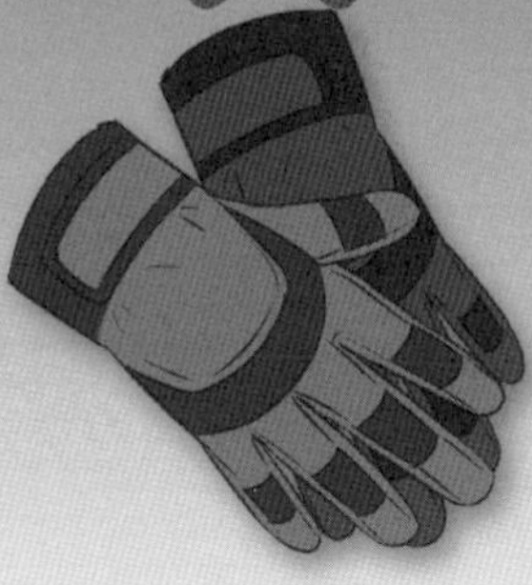

有備無患

登山不像攀岩那麼激烈，不過在夏季林木茂盛的山，或是為了防止下山時跌倒造成雙手受傷，就保護的觀點看來，還是需要戴手套。冬季當然需要戴手套禦寒。

Column

沒有專用的手套。只要有防滑效果的一般工作手套就行了，不過下雨時就派不上用場了。最好準備厚質、防水的風衣材質手套，或是登山手套。

帆船

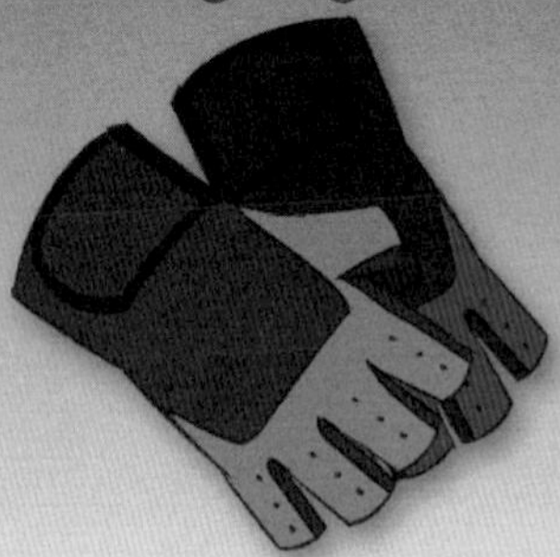

保護帆船
保護雙手

又稱為航海手套或帆船手套。由於要用繩索操縱帆船，手套的目的是保護雙手免受繩索摩擦。並不是為了禦寒，所以接觸繩索的地方有特別補強，不包覆指尖。最好是防潑水的材質。

Column

由於手套以弄濕為前提，所以都會用速乾性的材質，就算濕了也不會影響手的動作。通常都是上述那種重視操縱性的露指手套，冬季為了兼顧防寒問題，也會使用全指手套。

水球

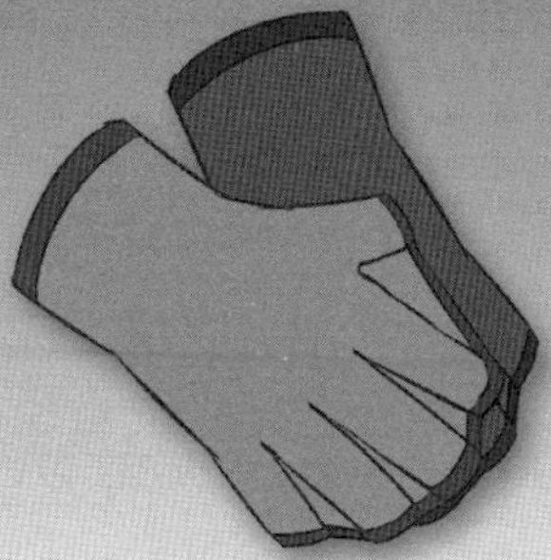

**貼合手部的
特殊材質**

這種手套有蛙蹼，通常是用來訓練游泳的工具，或是輔助游泳的用途。也有不少衝浪人士會用它來划水。有全指和半指等款式。跟泳裝一樣的材質，吸了水也不會變重。

Column

有些人會用潛水手套來增加阻力，相反的，需要讓水中動作更流暢的水中運動也會使用這種手套。競泳的選手們，在游泳時也會戴上這款手套，用來鍛鍊肌肉。

Column 5

在手套另一邊的「手」

萌戴手套男性的女性，多半都會被冠上「手控」。相對於男性多「腿控」，女性的「手控」則是佔了壓倒性的多數。喜歡纖細的長手指，或是喜歡骨感的粗關節、喜歡大大的手心，喜歡修剪整齊的指甲，喜歡浮在手背上的血管……等等，每個人都有不同的意見，甚至比對臉的意見還多。為什麼女性這麼喜歡男性的手呢？其實，身體末端部位的基因幾乎都一樣，有人認為指尖與性器官的基因組合相同。因此，女性才會在無意識之中盯著男性的手指，不知不覺中就會展開甜美的妄想了吧！說一個題外話，食指比無名指長的男性，據說是睾酮這種男性荷爾蒙比較高，所以行動比較積極，比較具侵略性。此外，據說左右手指長度與形狀對稱的男性為肉食系，左右手指長度不同的男性是草食系。當男性脫下手套的瞬間，不妨仔細的觀察他們的手吧！

卷末附錄

這個部分要介紹手套愛好者的真心話，

並刊登美型手套男子的姿勢集。

最後的最後還是要給大家滿滿的手套。

手套愛好者的真心話大公開

手套就是這點好！

吸引著我們視線，讓我們捨不得離開，迷人的手套男子們。
大家為什麼萌手套呢？又是萌手套的什麼部分呢？
獨家採訪熱愛手套的女性們的真實心聲。
請大家盡情感受這份熱烈的手套狂熱吧！

不動如山的白手套

對於白手套無垢的白色，可以視為神聖性、憧憬、優雅、氣質、穩重、對佩戴者的憧憬。即使都是白色，萌工作手套又是不同的類型，一身休閒打扮時，如果戴正式禮服用的手套，那也不夠萌。除了白手套之外，灰色手套也很萌。如果不是真正的英國紳士，戴起來也不好看，是一種難度很高的手套呢！（N‧O）

黑手套也很難取捨

黑手套通常會讓人聯想到皮革材質、龐克搖滾還有喪禮。不過會讓人覺得萌的則是「殺人」、「暗殺」、「湮滅證據」等等事件或見不得光的工作。黑手套跟正式又好看的白手套恰恰相反，為了工作幹盡壞事，自我毀滅的姿態才符合黑手套，讓人心頭一緊。「隱藏真實的自我，秘密的味道」讓人受不了耶！（M‧H）

好想「被服侍」

我第一次覺得「手套很萌」，就是看到管家、門僮、司機的白手套！被純白手套包裹的手，雖然稱不上性感，不過「戴白手套的服務業」，那種感覺好萌哦！「為了用至高無上的服務服侍客人，所以服務業才會用白色的手套」，自從得知這個消息後，在白手套男子的面前，我覺得自己就像個公主。（Y・U）

藏起來才神秘

我本來是手指控。儘管手只佔了人身體的一小部分，卻可以窺見這個人的興趣與生活。舉例來說，玩樂器的人指甲會剪得比較短，關節會因為演奏變粗。把它們都遮起來之後，反而更讓人覺得在意，更想看了……。我之所以萌手套，是因為我想看那個人藏起來的內在和素顏，是我的欲望象徵！（M・W）

純粹覺得手套很時尚

在流行之中，手套是一種畫龍點睛的存在。我認為穿便服也會搭配手套的男性，一定是個時髦的人。如果手套有搭配大衣和外套，看起來就更帥了。雖然是我的個人意見，不過我覺得手好看的人戴手套之後，就更賞心悅目了。（Y・T）

可以玩味手套+α

戴手套的時候，大部分都是制服或是正式服裝。西裝配手套，燕尾服配手套，如果再加上眼鏡等等小道具，妄想度會越來越高，這就是我喜歡手套的原因。不過重點在於並不是越多越好！如果是燕尾服配手套，又加上眼鏡的話，感覺好像又太刻意了，反而會有點掃興呢！（K・K）

表現非日常的配件

為了逃避現實生活，我經常造訪管家咖啡廳或西裝咖啡廳，在那裡工作的他們，有一股完全不會流露私生活的秘密氣息。也有點禁欲，同時也是對外的一面，因為完全沒有生活感，所以容易給人非日常的感覺。我認為手套就是一種表現非日常的配件。他們「不露手心」的樣子，更讓人覺得白手套可以幫人遠離日常生活。（S・A）

好想讓攻方戴上

坦白說，我很難想像「戴著手套做晚上那檔事」。「不脫下手套的性事」感覺好像與對方的心靈有所隔閡、無奈、強調自己高高在上，有種負面與焦慮心情。所以我總是讓攻方戴上手套，妄想兩人的性事，不脫下象徵著禁欲的手套，用來表現想與對方保持距離的堅強意志與感情。（M・W）

好想讓受方戴上

用戴手套的手或是光手撫摸對方，對方心理感受也有很大的不同。「自己明明是裸體，對方卻隔著一層手套」，對於這種差別，人們應該會感到隔閡吧！大家通常都認為手套是攻方的備配，真想讓受方戴上手套，好讓攻方也嚐嚐「無法觸碰的焦慮」。（K．M）

脫下來的動作好萌

男性脫手套的動作太性感了，好萌、好萌哦！我最愛的就屬用嘴巴脫手套的動作了。含著指尖脫下來的動作有種「讓人心癢癢的」情色，咬住手套手腕一帶脫下來的動作則是有種狂野的魅力。相反的，戴手套的動作好像就沒那麼萌了，比起在手無寸鐵的狀態下武裝的瞬間，完美模樣崩毀的瞬間……才夠萌吧！（S．D）

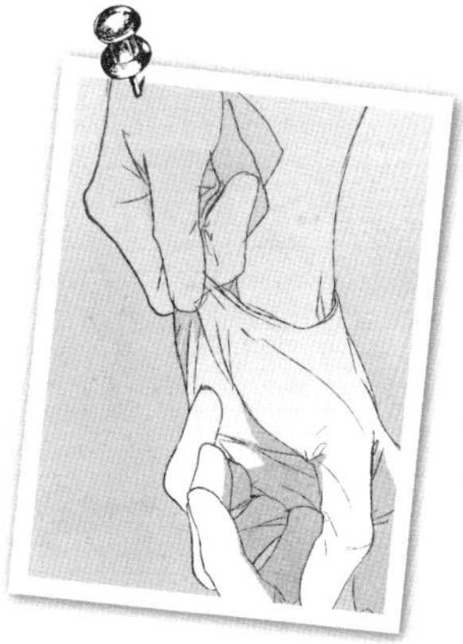

觸感很好

每次我妄想手摸到戴手套男人的手的時候，就會覺得胸口發燙。牽手的話，觸感比較舒服，也會逐漸溫熱起來，還是摸起來安心又柔軟的棉質等等天然材質最好了。聚酯或醋酸纖維的手套有伸縮性，摸到這種手套的時候，涼涼的感覺可能會讓人抖一下啊！（C．K）

手套佩戴姿勢集

這個部分要講解戴手套角色的
各種姿勢以及各種手套的畫法。
就算不是手套迷，也可以參考著畫畫看。

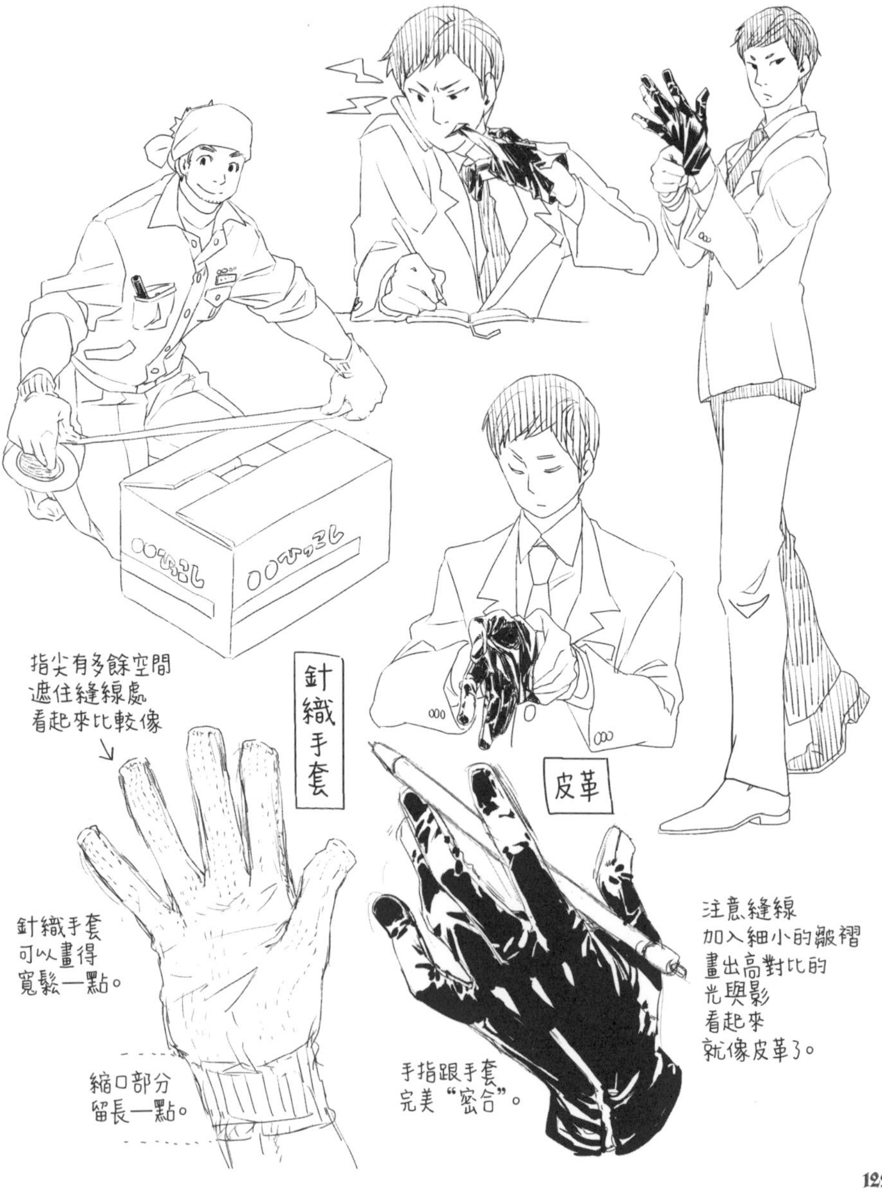
指尖有多餘空間
遮住縫線處
看起來比較像
針織手套
皮革
針織手套
可以畫得
寬鬆一點。
縮口部分
留長一點。
手指跟手套
完美"密合"。
注意縫線
加入細小的皺褶
畫出高對比的
光與影
看起來
就像皮革了。

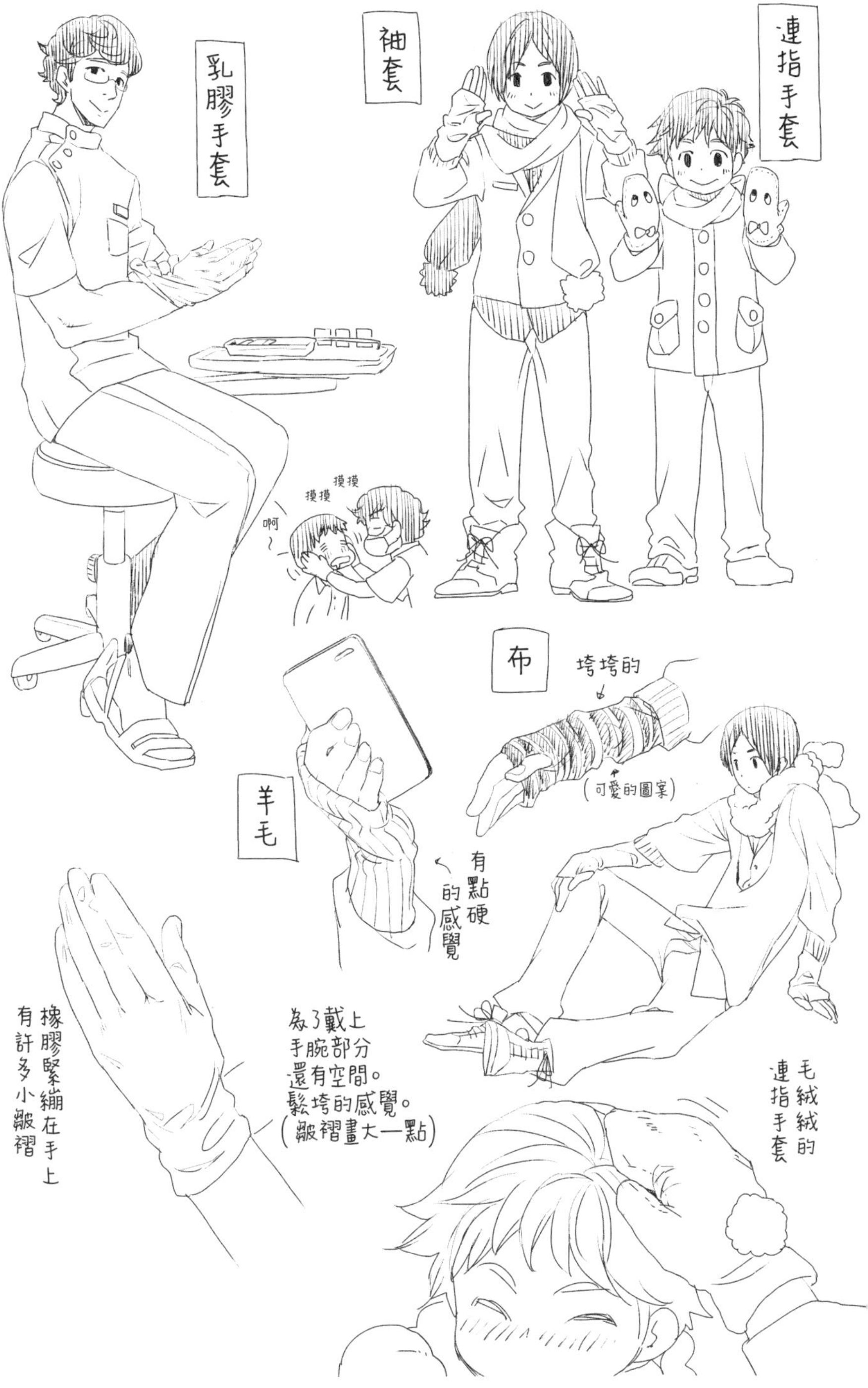

乳膠手套
袖套
連指手套
摸摸
摸摸
啊~
布
垮垮的
(可愛的圖案)
羊毛
有點硬的感覺
橡膠緊繃在手上
有許多小皺褶
為了戴上
手腕部分
還有空間。
鬆垮的感覺。
(皺褶畫大一點)
毛絨絨的
連指手套

侍者的
布手套
傭人的
布手套
手套至少要在
手心側面
畫一道縫線
看起來也還有點樣子。
這條線
正式禮服用的
有鈎子
考慮到
裡面的手的形狀
以彎曲的部分為中心
加入皺褶就很簡單了。
材質是棉質
所以有柔軟的
感覺

高爾夫球用的手套
騎馬用的手套
高爾夫球手套的透氣性良好所以有小洞。
皮革 有點厚度所以可以畫得比手還大一點
布 比較薄所以可以直接畫出手的輪廓線表現那種感覺。

結語

感謝您閱讀本書。
不曉得您有沒有充分感受到手套的魅力呢？

現在有越來越多喜歡軍服的女性，或是喜歡管家的女性，
因為有點介意搭配正式服裝的「白手套」，於是衍生出本書的企劃。

尚未闡明的歷史研究，
以及持續開發出新材質與款式的手套世界。

放眼世界，可以發現許多男性都戴著手套。
但願您可以透過手套，發現套在男性手上的全新魅力。

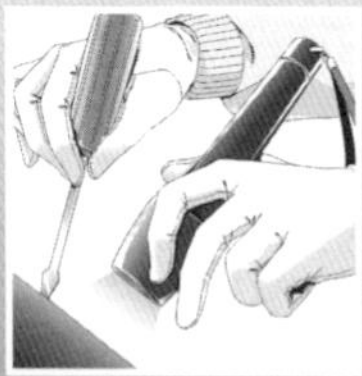

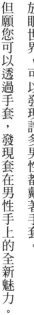

插畫家

封面插畫	結川カズノ	
寫真插畫	懐十歩	P2
	ナガオカ	P4
	久峰そひ	P6
	柚乃ぺこ	P8
	虎井シグマ	P10
	hoshi	P12
	春夏凪助	P14
手套歷史繪卷	柚乃ぺこ	
手套男子職業圖鑑	弐珀（P42～45、P52～53）	
	yoco（P46～51）	
	柚乃ぺこ（P54～P58）	
	純友良幸（P59～P63）	
	雨野ふぉぶ（P64～68）	
	虎井シグマ（P68～P71）	
分門別類的男子手套收藏	ナガオカ	
與手套的一日	RO	
運動手套圖鑑	月島たるほ	
手套佩帶姿勢集	もろづみすみとも	

取材協力
グローブミュージアム　日本手袋工業組合

主要參考文獻
『わたしの手袋博物館』福島令子（暮らしの手帖社）
日本グローブ工業会　Home Page
http://www.nihon-glove.com/
株式会社マックス　Home Page
http://max-e.co.jp/index.htm

TITLE

手套妄想症候群

STAFF

出版	三悅文化圖書事業有限公司
編著	一迅社
譯者	侯詠馨
總編輯	郭湘齡
責任編輯	王瓊苹
文字編輯	林修敏　黃雅琳
美術編輯	謝彥如
排版	執筆者設計工作室
製版	明宏彩色照相製版股份有限公司
印刷	桂林彩色印刷股份有限公司
	紘億彩色印刷有限公司
法律顧問	經兆國際法律事務所　黃沛聲律師
戶名	瑞昇文化事業股份有限公司
劃撥帳號	19598343
地址	新北市中和區景平路464巷2弄1-4號
電話	(02)2945-3191
傳真	(02)2945-3190
網址	www.rising-books.com.tw
Mail	resing@ms34.hinet.net
初版日期	2013年11月
定價	250元

國家圖書館出版品預行編目資料

手套妄想症候群 / 一迅社編著 ; 侯詠馨譯. -- 初版. -- 新北市 : 三悅文化圖書, 2013.11
128面 ; 14.8*21公分

ISBN 978-986-5959-69-2(平裝)

1.手套

423.54　　102023042